Angelika Höfer

STEUERUNG DER KONFIGURATION EINES REDUNDANTEN MANIPULATORS

Fortschritte der Robotik

Herausgegeben von Walter Ameling und Manfred Weck

Band 6
Nikolaus Schneider
Kantenhervorhebung und Kantenverfolgung in der industriellen Bildverarbeitung

Band 7
Ralph Föhr
Photogrammetrische Erfassung räumlicher Informationen aus Videobildern

Band 8
Bernhard Buntschuh
Laseroptische 3D-Konturerfassung

Band 9
Hans-Georg Lauffs
Bediengeräte zur 3D-Bewegungsführung

Band 10
Meinolf Osterwinter
Steuerungsorientierte Robotersimulation

Band 11
Markus a Campo
Kollisionsvermeidung in einem Robotersimulationssystem

Band 12
Jürgen Cordes
Robuste Regelung eines elastischen Teleskoparmroboters

Band 13
Guido Seeger
Selbsteinstellende, modellgestützte Regelung eines Industrieroboters

Band 14
Ralph Gruber
Handsteuersystem für die Bewegungsführung

Band 15
Wei Li
Grafische Simulation und Kollisionsvermeidung von Robotern

Band 16
Harald Rieseler
Roboterkinematik – Grundlagen, Invertierung und symbolische Berechnung

Band 17
Angelika Höfer
Steuerung der Konfiguration eines redundanten Manipulators

Vieweg

Fortschritte der Robotik 17

Angelika Höfer

STEUERUNG DER KONFIGURATION EINES REDUNDANTEN MANIPULATORS

Fortschritte der Robotik

Exposés oder Manuskripte zu dieser Reihe werden zur Beratung erbeten an:
Prof. Dr.-Ing. Walter Ameling, Rogowski-Institut für Elektrotechnik der RWTH Aachen,
Schinkelstr. 2, D-5100 Aachen
oder
Prof. Dr.-Ing. Manfred Weck, Laboratorium für Werkzeugmaschinen und Betriebslehre
der RWTH Aachen, Steinbachstr. 53, D-5100 Aachen
oder an den
Verlag Vieweg, Postfach 5829, D-6200 Wiesbaden

Autor: Angelika Höfer promovierte im Oktober 1992 an der Fakultät für Maschinenbau der
Universität Karlsruhe mit dem Thema „Steuerung der Konfiguration eines hochflexiblen
redundanten Manipulators".

Umschlag: Wolfgang Nieger, Wiesbaden
Gedruckt auf säurefreiem Papier

ISBN 978-3-528-06516-4   ISBN 978-3-322-87815-1 (eBook)
DOI 10.1007/978-3-322-87815-1

Vorwort

Die vorliegende Arbeit wurde im Rahmen meiner Tätigkeit als wissenschaftliche Mitarbeiterin im Labor für Handhabungstechnik im Kernforschungszentrum Karlsruhe am Institut für Reaktorentwicklung erstellt. Herrn W. Müller - Dietsche, dem Projektleiter des Bereichs Handhabungstechnik, möchte ich dafür danken, daß ich die Möglichkeit erhielt, längere Zeit an einem Projekt im Institut für Reaktorentwicklung mitzuarbeiten.

Herrn Prof. Dr. D. Smidt danke ich für sein Interesse an der Arbeit und die Übernahme des Hauptreferats. Für die Übernahme des Korreferats sowie für viele Verbesserungsvorschläge bei der schriftlichen Ausarbeitung, bedanke ich mich bei Herrn P.D. Dr. M. Lawo.

Den Abteilungsleitern Herrn Dr. C.M. Blume und Herrn Dr. E.G. Schlechtendahl möchte ich für die Betreuung und Unterstützung meiner Arbeit danken.

Allen Kollegen des Instituts für Reaktorentwicklung und des Labors für Handhabungstechnik, die mich mit Rat und Tat unterstützten, möchte ich danken. Den Kollegen der Abteilung IRE/7 gilt mein besonderer Dank, da das angenehme Arbeitsklima in dieser Abteilung mit zum Gelingen der Arbeit beitrug.

Zusammenfassung

Ein redundanter Manipulator besitzt mehr Freiheitsgrade als für die Positionierung und Orientierung im Raum mindestens notwendig sind. Dadurch sind zu jeder Vorgabe einer Bahn der Manipulatorspitze unendlich viele Gelenktrajektorien möglich. Durch zusätzliche Anforderungen an die Gelenkstellung oder -trajektorie wird in jedem Steuerzyklus aus der Menge aller möglichen Gelenkwinkeländerungen eine festgelegt.

Zusätzliche Anforderungen werden anhand verschiedener Aufgabenstellungen, wie Vermeidung von Hindernissen, Vorgabe von Gelenkstellungen, Minimierung des Energieverbrauchs, Einhaltung von Grenzwerten, Verbesserung des Geschwindigkeitsverhaltens der Manipulatorspitze, Vermeidung von Singularitäten etc. formuliert. Bestehen mehrere Anforderungen gleichzeitig, so muß ein Kompromiß gefunden werden, der alle gestellten Aufgaben möglichst gut erfüllt.

In dieser Arbeit wird die Anwendung eines Optimierungsverfahrens für die Berechnung der Änderung der Gelenkstellung beschrieben. Diese Vorgehensweise erlaubt bei mehreren Zielvorgaben des Benutzers eine optimale Kompromißlösung zu ermitteln. Dabei werden alle Begrenzungen der Gelenkstellung, -geschwindigkeit und -beschleunigung, sowie eine Begrenzung der Leistung eingehalten.

Diese Konfigurationsoptimierung wurde in die im Kernforschungszentrum Karlsruhe entwickelte Steuerung des Mehrgelenkroboters EMJR (Extended Multi Joint Robot) integriert. Die Beeinflussung der Gelenktrajektorien des Manipulators bei verschiedenen Zielvorgaben wird durch Simulationen dokumentiert.

Inhaltsverzeichnis

1. Einleitung — 1

2. Ziele und Aufbau einer Konfigurationssteuerung — 5

  2.1 Konfigurationssteuerung durch verallgemeinerte Pseudoinverse — 5
  2.2 Konfigurationssteuerung durch Optimierung — 8

3. Das Optimierungsverfahren — 10

  3.1 Formulierung der Optimierungsaufgabe — 10
  3.2 Kriterien zur Wahl des Optimierungsverfahrens — 12
  3.3 Gradientenverfahren nach Rosen — 14

    3.3.1 Gradientenverfahren — 14
    3.3.2 Verfahren des projizierten Gradienten nach Rosen — 15
    3.3.3 Die Projektionsmatrix — 16

  3.4 Allgemeine Rekursionsvorschrift — 21

4. Konfigurationssteuerung durch Optimierung — 23

  4.1 Zielfunktionen — 23

    4.1.1 Gelenkstellung und -geschwindigkeit — 23
    4.1.2 Distanz im kartesischen Raum — 25
    4.1.3 Manipulierbarkeit und Geschwindigkeit — 27

  4.2 Restriktionen — 29

    4.2.1 Berücksichtigung der TCP-Bewegung — 29
    4.2.2 Berücksichtigung von Grenzwerten — 30
    4.2.3 Begrenzung der Leistung — 31

  4.3 Startwerte und Abbruchkriterien — 33
  4.4 Rekursionsvorschrift — 35

5. Anwendung der Optimierung am EMJR — 40

  5.1 Optimierungsvektor und Restriktionen — 40
  5.2 Basiskonfiguration — 42

    5.2.1 Zielsetzung — 42
    5.2.2 Berechnung der Zielfunktionen — 44
    5.2.3 Berechnung der gewünschten Konfiguration — 45
    5.2.4 Wahl der Funktionen der redundanten Gelenke — 46
    5.2.5 Entfalten des EMJR mit Hilfe der Basiskonfigurationen — 48

5.3 Hindernisvermeidung   51

    5.3.1 Zielsetzung   51
    5.3.2 Darstellung von Hindernissen   52
    5.3.3 Berechnung der Ausweichbewegung   53
    5.3.4 Beispiele zur Hindernisvermeidung   61

5.4 Manipulierbarkeit   70

    5.4.1 Zielsetzung   70
    5.4.2 Das Geschwindigkeitsellipsoid   70
    5.4.3 Die Geschwindigkeitsellipse   72
    5.4.4 Manipulierbarkeit nach Yoshikawa   75
    5.4.5 Maximieren des Kriteriums MSV   80

6. Bewertung   90

Anhang   95

    A - Anwendungen des EMJR's   95
    B - Winkelzählweise, Transformationsmatrizen und Jacobimatrix   98
    C - Maximale Gelenkwinkelgeschwindigkeit   102
    D - Tabellen zur Vorgabe von Basiskonfigurationen   105
    E - Tabelle der Zielfunktionen   106

    Symbole und Abkürzungen   107

Literatur   109

1 Einleitung

Die ersten Roboter wurden in Europa Anfang der 70er Jahre vor allem in der Automobilbranche eingesetzt. Vom technologischen und wirtschaftlichen Standpunkt aus gesehen, brachte der Robotereinsatz wesentliche Vorteile, wie hohe Arbeitsgenauigkeit, größere Gleichmäßigkeit, Ausdauer und Tragfähigkeit sowie größere Flexibilität bei einer Produktänderung, Reduktion von Ausfallzeiten und Steigerung der Produktivität. Aber auch aus soziologischen Gesichtspunkten wird der Industrieroboter zunehmend eingesetzt. Der Schutz des Menschen vor Lärm, Hitze, Verschmutzung, Monotonie und zu starker körperlicher Beanspruchung sowie Sicherheitsaspekte sind ebenfalls Anlaß für den Robotereinsatz [Heine].

In den letzten Jahren erwog man auch in zahlreichen anderen Bereichen den Einsatz von Robotern. Im Jahre 1986 wurde in Zusammenarbeit des Kernforschungszentrums Karlsruhe mit dem Fraunhofer-Institut für Produktionstechnik und Automatisierung in Stuttgart eine Studie über den Einsatz hochflexibler Handhabungsgeräte in verschiedenen Bereichen durchgeführt. Insbesondere wurden dabei die Einsatzmöglichkeiten neuer Technologien im Bau- und Rettungswesen, sowie in unzugänglichen oder gar gefährlichen Umgebungen, wie bei Arbeiten untertage oder im kerntechnischen Bereich untersucht. Gegenüber dem Einsatz von Industrierobotern in heute gängigen Anwendungsgebieten, wie Punktschweißen oder Palettieren, wird der Einsatz von Industrierobotern hier aufgrund der fehlenden Wiederholhäufigkeit und zu geringer Reichweite und Flexibilität erschwert. Aber auch die wechselnde Umgebung und das Vorhandensein von Hindernissen im Arbeitsraum führen auf hohe Anforderungen bei der Automatisierung dieser Bereiche.

Aufgrund der positiven Ergebnisse dieser Studie wurde zusammen mit der Fa. Putzmeister für verschiedene Anwendungen innerhalb des Bauwesens, wie Inspektions- und Sanierungsarbeiten (vgl. Anhang A) der hochflexible Manipulator **EMJR** (Extended Multi Joint Robot) entwickelt. EMJR ist ein fünfgliedriger Gelenkarm mit einer Reichweite von 22 Metern und einer Nutzlast von 1.4 t. Dieser Manipulator ist eine Weiterentwicklung der auf Großbaustellen eingesetzten, hydraulisch betriebenen Betonverteilermasten. Die fünf Glieder des Mastes sind durch rotatorische Gelenke, die alle um dieselbe Achse drehen, miteinander verbunden. Dadurch ergeben sich in der Armebene redundante Freiheitsgrade, die eine sehr flexible Handhabung des Manipulators erlauben.

Der Mast ist auf einem Turm befestigt und kann mit Hilfe eines Drehgelenks in jede Richtung um 180 Grad geschwenkt werden. Dadurch wird eine Positionierung im Raum ermöglicht. Derzeit ist ein Einsatz des Manipulators in der Betonsanierung und für Aufgaben bei der Stillegung von Kernkraftwerken [Geng] geplant. Aufgrund der hohen Flexibilität und Reichweite des Manipulators sind jedoch zahlreiche weitere Einsatzmöglichkeiten in der Zukunft denkbar.

Bei der Handsteuerung, die Standardausrüstung der Betonverteilermasten der Firma Putzmeister ist, werden die Ventile der Hydraulikkolben mit Bedienungshebeln angesteuert. Die Gelenke des Manipulators werden einzeln verfahren. Im Kernforschungszentrum Karlsruhe wurde eine Handsteuerung entwickelt, die dem Operateur eine direkte Führung der Mastspitze per Joystick erlaubt. Dadurch ist ein Verfahren und Positionieren des EMJR mit sehr viel weniger Aufwand verbunden. Die Gelenkwinkeländerungen, die für eine Bewegung der Manipulatorspitze mit einer bestimmten Geschwindigkeit und Richtung notwendig sind, werden durch einen Rechner ermittelt. Dabei sind, aufgrund der Redundanz, zu jeder Position des TCP (Tool Center Point) unendlich viele Gelenkstellungen möglich. Um dem Operateur auch eine Beeinflussung der Gelenkkonfiguration zu ermöglichen, können die Gelenke ohne Bewegung der Manipulatorspitze umkonfiguriert werden.

Die Option des Umkonfigurierens bedarf einiger Erklärung, da die Anwendung dieser Funktion nicht sofort einsichtig ist. Eine Änderung der Gelenkstellungen wird beispielsweise dann notwendig, wenn sich ein Hindernis in der Reichweite der Manipulatorglieder befindet. Hier wird umkonfiguriert, um eine Kollision zu vermeiden. Häufiger jedoch rekonfiguriert der Bediener aufgrund seiner Erfahrung, daß eine bestimmte Konfiguration leicht zu Schwingungen oder Instabilitäten führt. Auch die genaue Kenntnis der durchzuführenden Arbeiten ist ein wichtiger Aspekt. So kann die volle Nutzlast nur durch eine Anordnung der Gelenke als Sehnen eines Kreises aufgenommen werden, während bei Arbeiten an einer Wand das letzte Glied möglichst waagrecht sein sollte, damit die Manipulatorspitze überhaupt auf der Wand aufsetzen kann (Abb. 1.1). Das Rekonfigurieren ist also durchaus eine wichtige Funktion der Steuerung.

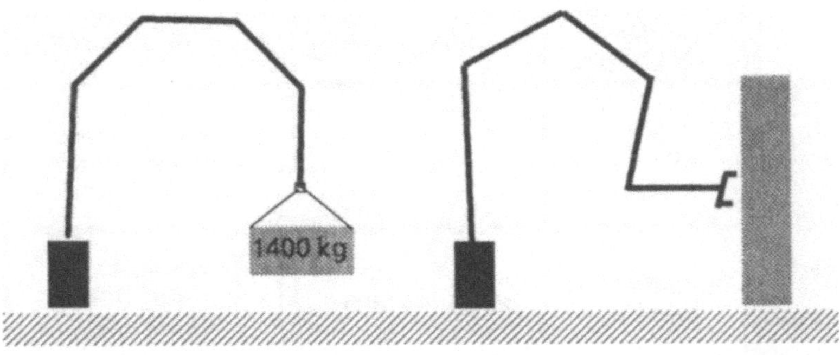

Abb. 1.1: Gelenkkonfigurationen des EMJR
bei verschiedenen Aufgaben

Parallel zur Entwicklung der zuvor beschriebenen Handsteuerung per Joystick wurde eine Automatiksteuerung erstellt. Für sich wiederholende Aufgaben kann eine online programmierte oder geteachte Folge von TCP-Positionen als Bahn abgefahren werden. Auch bei der Automatiksteuerung besteht der Wunsch die Flexibilität des Manipulators möglichst gut zu nutzen. Die Beeinflussung der Konfiguration durch manuelles Rekonfigurieren, wie bei der Handsteuerung, würde zu unerwünschten Unterbrechungen der Automatikfunktion führen. Zudem müßte trotz des Automatikbetriebs die ständige Bereitschaft eines Operateurs gefordert werden. Der Einsatz einer automatischen Steuerung der Konfiguration ist notwendig, die online die Kontrolle über die Stellung der EMJR-Glieder übernimmt, so daß auf ein Rekonfigurieren durch einen Operateur verzichtet werden kann. Der Einsatz einer automatischen Konfigurations-steuerung ist auch bei der Handsteuerung durchaus wünschenswert, da sich der Operateur dann ganz auf die Positionierung der Manipulatorspitze konzentrieren kann und nicht durch eine Überwachung der Gelenke abgelenkt wird. In Tabelle 1.1 sind die durch die drei Arten der Steuerung angebotenen Möglichkeiten zusammengefaßt.

	Putzmeister-steuerung	Handsteuerung	Automatiksteuerung
Führung des TCP	keine	Joystick	geteachte oder online program- mierte Bahn
Beeinflussung der Konfiguration	Bedienungs- hebel	Rekonfigurieren	automatische Konfigurations- steuerung

Tabelle 1.1: Funktionen der drei
Steuerungsarten

In den folgenden Kapiteln wird eine Konfigurationssteuerung vorgestellt, die auf den Methoden der Optimierung basiert. Die Kapitel 3 und 4 beschäftigen sich mit den notwendigen theoretischen Grundlagen redundanter Manipulatoren. Im fünften Kapitel werden mehrere Aufgabenstellungen bzw. Problemsituationen, die sich am Manipulator EMJR ergeben, vorgestellt und mit Hilfe eines Optimierungsverfahrens gelöst. Im nun folgenden Kapitel werden die Anforderungen, die an eine für den Einsatz am EMJR taugliche Konfigurationssteuerung gestellt werden, aufgezeigt. Außerdem werden die notwendigen Änderungen, die im prinzipellen Aufbau der Steuerung erforderlich sind, erläutert.

2 Ziele und Aufbau einer Konfigurationssteuerung

2.1 Konfigurationssteuerung durch verallgemeinerte Pseudoinverse

Ziel einer Bewegungssteuerung ist die Bewegung eines Manipulators aus der aktuellen Istposition in eine Sollposition. Hierfür werden in kleinen Zeitintervallen interpolierte Werte zwischen Start und Ziel berechnet. Mit Hilfe einer inversen Transformation werden die zugehörigen Gelenkwinkel ermittelt, die durch die Regelung weiterverarbeitet werden (vgl. Abb. 2.1).

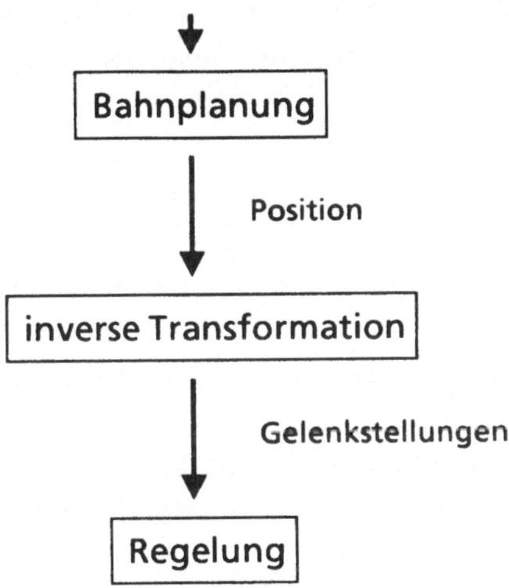

Abb. 2.1: prinzipieller Aufbau
einer Robotersteuerung

Die Position des TCP eines Manipulators kann aus der Stellung der Gelenke durch die Gleichung

$$\underline{x} = \underline{f}(\underline{\theta}) \tag{1}$$

berechnet werden, wobei $\underline{x}$ die Position des TCP im Raum und $\underline{\theta}$ der Vektor der Gelenkwinkel ist. Durch Ableitung dieser Gleichung nach der Zeit kann die Wegänderung des TCP als Funktion der Winkeländerung dargestellt werden:

$$d\underline{x}/dt = \underline{\dot{x}} = \underline{J}(\underline{\theta}) \cdot \underline{\dot{\theta}} \tag{2}$$

Die Matrix $\underline{J}\,(\,\underline{\theta}\,)\,=\,\partial\underline{f}\,(\underline{\theta}\,)\,/\,\partial\underline{\theta}$ ist die Jacobimatrix. Wird die Gleichung (2) zu einem Zeitpunkt $t = t_k$ betrachtet, so gilt in einer Umgebung der Gelenkstellung $\underline{\theta}$ für kleine Winkeländerungen

$$\underline{\dot{x}} = \underline{J}_k \cdot \underline{\dot{\theta}} \qquad , \tag{3}$$

wobei $\underline{J}_k = \underline{J}\,(\,\underline{\theta}(t_k)\,)$ als Matrix mit konstanten Elementen behandelt werden kann. Bei nichtredundanten Systemen kann die inverse Kinematik als Inverse der Jacobimatrix berechnet werden. Bei redundanten Manipulatoren wird häufig auf die allgemeine Lösung der Moore- Penrose- Inversen zurückgegriffen, einer Vorgehensweise, die für diese Anwendung erstmals von Ligois [Lig] vorgeschlagen wurde

$$\underline{\dot{\theta}} = \underline{J}^{+} \cdot \underline{\dot{x}} + \mu \cdot (\underline{I} - \underline{J}^{+} \cdot \underline{J}) \cdot \nabla \underline{H} \qquad . \tag{4}$$

Der erste Term auf der rechten Seite dieser Gleichung liefert aus allen möglichen Lösungsvektoren $\underline{\dot{\theta}}$, die eine Bewegung des TCP mit einer Geschwindigkeit $\underline{\dot{x}}$ erlauben, den speziellen Vektor $\underline{\dot{\theta}}_0$, dessen Norm minimal ist. Der zweite Term liefert eine homogene Lösung $\underline{\dot{\theta}}_1$, die keinerlei TCP - Bewegung zur Folge hat, sondern lediglich eine Änderung der Gelenkwinkel. Dabei ist der Vektor $\nabla\underline{H}$ der Gradient der Bewegungsrichtung der Gelenke und μ der Gewichtungsfaktor für die Eigenbewegung der Gelenke.

In der Literatur sind zahlreiche Vorschläge für die Nutzung dieses Gradienten zu finden, der innerhalb einer geschlossenen Lösung die Nutzung der Redundanz für verschiedene Zielsetzungen zuläßt. D. N. Nenchev [Nenc] hat in seiner Veröffentlichung eine große Anzahl der in der Literatur vorgestellten Vorschläge zusammengetragen und verglichen. Probleme, wie Vermeidung von Hindernissen, Einhaltung von Grenzwerten, Minimierung des Energieverbrauchs, Erhöhung der Manipulierbarkeit, Vermeidung von Singularitäten etc. (siehe Literaturverweise zu redundanten Manipulatoren) wurden mehrfach und teilweise mit sehr verschiedenen Methoden gelöst.

Jeder der Autoren hat lediglich ein oder maximal zwei alternativ auftretende bzw. gemeinsam innerhalb eines Gradienten formulierbare Zielsetzungen betrachtet und alle anderen als nicht maßgeblich vernachlässigt. Betrachtet man alle möglichen Anforderungen, die an ein System in einer realen Umgebung gestellt werden, so erkennt man sehr schnell, daß es nicht möglich ist, eine Anforderung allein zu optimieren und alle anderen außer acht zu lassen. Dies kann anhand eines Beispiels verdeutlicht werden.

<u>Beispiel:</u>

Besteht die Aufgabe, mit Hilfe eines redundanten Manipulators einen schweren Gegenstand durch ein Hindernis hindurch zu einer bestimmten Zielposition zu transportieren, so ergeben sich neben der Aufgabe den TCP auf einer fest vorgebbaren Bahn im Raum zu führen, folgende Forderungen:

1. Vermeidung einer Kollision der Gelenke und Glieder mit dem Hindernis.

2. Vermeidung einer Kollision der Glieder miteinander, falls der Manipulator in der Lage ist, sich selbst zu beschädigen.

3. Wahl der Gelenkkonfiguration so, daß die auftretenden Kräfte bzw. die Momente in den Gelenken minimal bleiben.

4. Beibehaltung einer konstanten TCP-Geschwindigkeit, um unnötige Schwingungen des zu transportierenden Gegenstands zu vermeiden.

5. Aus regelungstechnischen Gesichtspunkten ist es außerdem wünschenswert, daß die Geschwindigkeit, mit der sich ein Gelenk bewegt, keine sprungartigen Änderungen aufweist.

6. Einhaltung aller realen Grenzwerte, wie den Gelenkanschlägen, der Geschwindigkeit, der Leistung etc..

Diese Forderungen müssen alle gleichzeitig erfüllt werden, wobei zudem darauf geachtet werden muß, daß einige der Forderungen mit einer höheren Priorität zu erfüllen sind als andere. Im obigen Beispiel ist die Vermeidung einer Kollision mit Sicherheit vorrangig vor der Einhaltung einer konstanten Geschwindigkeit. Dabei darf eine Verletzung von Grenzwerten grundsätzlich nicht auftreten.

Gerade der Einhaltung von Grenzwerten schenken die wenigsten Autoren Beachtung. Durch die Wahl des Multiplikators μ kann die Ausweichbewegung in Richtung des Gradienten mehr oder weniger stark gewichtet werden. Eine

Beeinflussung dahingehend, daß ein bestimmtes Gelenk aufgrund eines Gelenkwinkelanschlags nicht weiter in einer Richtung bewegt wird, ist jedoch durch den Gewichtungsfaktor nicht möglich. Deshalb nutzen Euler, Dubey und Babcock [Euler] den Gradienten für die Einhaltung der Begrenzungen der Gelenkwinkelgeschwindigkeit. Damit ist jedoch eine Nutzung des Gradienten für weitere Aufgaben, wie der Hindernisvermeidung nicht mehr möglich. Durch die Gleichung (4) kann die Forderung nach Kombination mehrerer Teilaufgaben zu einer Gesamtaufgabe bei gleichzeitiger Einhaltung aller Begrenzungen nicht erfüllt werden.

2.2 Konfigurationssteuerung durch Optimierung

Der Bedeutung der Konfiguration wird durch einen modifizierten Aufbau der Steuerung Rechnung getragen (Abb. 2.2). Die Bahnplanung und die Konfigurationsplanung werden unabhängig voneinander, anhand der jeweiligen Vorgaben, durchgeführt. In der Planungsphase werden keine Betrachtungen

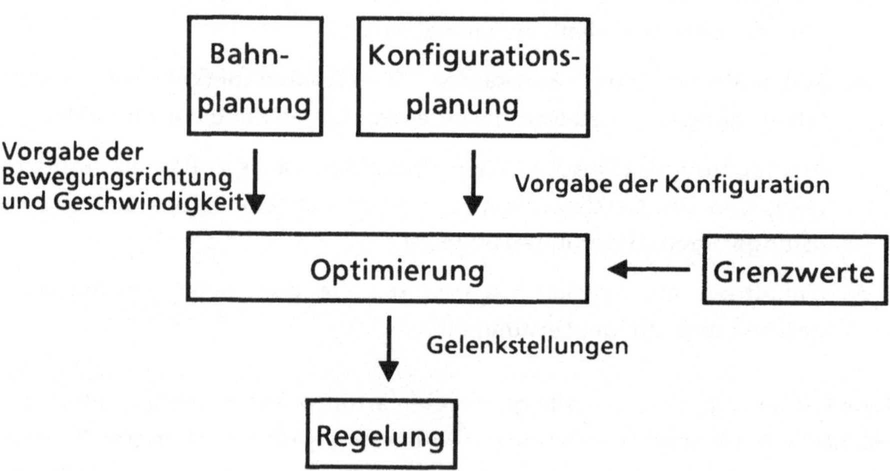

Abb. 2.2: Aufbau der Steuerung
mit Optimierung

über Grenzwerte oder Einschränkungen angestellt. Es wird also vom "Idealfall" ausgegangen. Dies vereinfacht die Planung erheblich. Anschließend wird mit Hilfe eines Optimierungsverfahrens der bestmögliche Kompromiß für die Gelenkstellung gesucht, wobei alle Grenzwerte einbezogen werden. Die Optimierung ist unabhängig von Art und Aufbau des redundanten Manipulators.

Das Beispiel in Abschnitt 2.1 zeigt, daß für die Planung der Konfiguration bzw. der Konfigurationsänderung mehrere Kriterien gleichzeitig maßgeblich sind. Da bereits eine große Anzahl von Kriterien für die Nutzung der Redundanz entwickelt worden sind, ist es sinnvoll, einen Teil der bekannten Kriterien so zu modifizieren, daß sie auch hier verwendet werden können. Hierfür muß untersucht werden, ob eine Anwendung für den Manipulator EMJR möglich ist. Da häufig eine Kombination mehrerer Teilaufgaben vorliegt, muß gesichert sein, daß die Kriterien keine gegenseitige Behinderung darstellen. Es kann der Fall einer Verbesserung des Verhaltens bezüglich eines Kriteriums durch die Kombination mehrerer Anforderungen eintreten.

In Kapitel 5 werden die Kriterien *Basiskonfiguration, Hindernisvermeidung* und *Geschwindigkeitsoptimierung* als Einzelanforderungen und in Kombination zueinander untersucht. Für die Darlegung der Zielsetzungen dieser Kriterien, sowie der Probleme, die sich beim Einsatz der bislang bekannten Methoden (z.B. Hindernisvermeidung nach dem Klein'schen Verfahren) ergeben, wird auf die Abschnitte 5.2.1, 5.3.1 und 5.4.1 verwiesen.

3 Das Optimierungsverfahren

3.1 Formulierung der Optimierungsaufgabe

Optimierungsvektor

Unter Optimierung versteht man die Aufgabe, für ein bestehendes Problem die beste Lösung zu finden. Bevor nun eine Optimierungsaufgabe formuliert werden kann, muß zunächst geklärt werden, welche Größe optimiert werden soll. Da in jedem Steuertakt eine Änderung der aktuellen Konfiguration vorgenommen wird, ist hier der Vektor der Winkeländerungen $d\underline{\theta}$ als *Optimierungsvektor* zu wählen. Damit besteht die Forderung, in jedem Steuertakt die Gelenkwinkel so zu verändern, daß die zuvor gestellten Forderungen an die neue Konfiguration möglichst gut erfüllt werden.

Zielfunktion

Um eine Optimierung der Konfiguration der Gelenke durchführen zu können, muß zunächst eine Bewertung der Güte einer vorgegebenen Konfiguration möglich sein. Diese Bewertung erfolgt durch die Formulierung der Anforderungen an die Konfiguration durch eine mathematische Funktion. Diese Funktion, die sowohl von der aktuellen Stellung der Gelenke, als auch von der zu optimierenden Änderung der Winkelstellung abhängt, wird als *Zielfunktion* bezeichnet

$$Q = f(\underline{\theta}, d\underline{\theta}) \quad ,$$

$$\underline{\theta} \in \mathbf{R}^n \quad : \text{Vektor der aktuellen Gelenkkonfiguration,}$$
$$d\underline{\theta} \qquad : \text{Vektor der Änderungen der Gelenkstellung.}$$

Optimierung unter mehreren Zielen

Im letzten Kapitel wurde bereits darauf hingewiesen, daß in der Regel mehrere Ziele gleichzeitig zu optimieren sind. Dies führt auf ein Vektoroptimierungsproblem mit pareto-optimalen Kompromißlösungen, ein Optimalitätsbegriff, der von V.Pareto (1848-1923) erklärt wurde. Durch Vorgabe einer Ersatzzielfunktion kann das Vektoroptimierungsproblem in ein skalares Optimierungsproblem überführt werden. Aus der Menge aller pareto-optimalen

Kompromißlösungen kann dann mit Hilfe dieser Ersatzfunktion eine optimale Lösung ermittelt werden [Dück, Esch].

Die gewichtete Addition von Einzelzielen ist eine häufig angewandte Ersatzziel-funktion. Jedem, durch eine Funktion f_i beschriebenen, Einzelziel wird eine Priorität p_i zugeordnet, die das Gewicht dieses Kriteriums angibt. Die Zielfunktionen werden zu einem Gütevektor $\underline{f}$ zusammengefaßt, die Gewichtungen zu einem Vektor $\underline{p}$, der Aufschluß über die "Wichtigkeit" der Kriterien gibt.

$$\underline{f} = (f_1, f_2, \dots , f_m) \qquad \text{Gütevektor ,}$$

$$\underline{p} = (p_1, p_2, \dots , p_m) \qquad \text{Prioritätenvektor ,}$$

$$m : \text{Anzahl der Optimierungsziele.}$$

Durch Multiplikation des Gütevektors mit dem Prioritätenvektor ergibt sich die Ersatzzielfunktion der Optimierung

$$Q = \underline{p}^{T} \cdot \underline{f} = p_1 \cdot f_1 + p_2 \cdot f_2 + \dots + p_m \cdot f_m . \qquad (5)$$

Restriktionen

Unter der Bezeichnung Nebenbedingungen oder *Restriktionen* der Optimierung sind alle durch Gleichungen oder Ungleichungen darstellbare Einschränkungen bezüglich der Änderung der Konfiguration zu verstehen. Im Fall linearer Restriktionen muß der Optimierungsvektor $d\underline{\theta}$ folgende Gleichungen, bzw. Ungleichungen erfüllen:

$$\underline{A}_1 \cdot d\underline{\theta} \leq \underline{b}_1 \quad \text{und} \quad \underline{A}_2 \cdot d\underline{\theta} = \underline{b}_2$$

Ungleichungen der Form

$$\underline{A} \cdot d\underline{\theta} \geq \underline{b}$$

können durch Multiplikation mit -1 in die gewünschte Form gebracht werden:

$$-\underline{A} \cdot d\underline{\theta} \leq - \underline{b}$$

Da in der hier beschriebenen Anwendung nahezu alle Restriktionen linear sind (vgl. Abschnitt 4.2), ist eine Beschränkung auf lineare Restriktionen möglich.

Optimierungsaufgabe

Ziel der Optimierung ist die Wahl der Änderung der Gelenkstellung $d\underline{\theta}$ so, daß der Wert der Zielfunktion Q unter Einhaltung der Restriktionen minimal wird:

$$\min_{d\underline{\theta}} \{ Q \equiv f(\underline{\theta}, d\underline{\theta}) \} \tag{6}$$

$$\text{mit} \quad \underline{A}_1 \cdot d\underline{\theta} \leq \underline{b}_1 \quad \text{und} \quad \underline{A}_2 \cdot d\underline{\theta} = \underline{b}_2 \ .$$

3.2 Kriterien zur Wahl des Optimierungsverfahrens

An ein Optimierungsverfahren, das innerhalb einer Steuerung verwendet werden soll, müssen neben der Forderung, eine Lösung für die obige Optimierungsaufgabe zu finden, weitere Forderungen gestellt werden:

1. Das Verfahren muß gute Konvergenz haben und stabil sein, da innerhalb jedes Steuertakts eine Lösung gefunden werden muß.

2. Eine hohe Anzahl von Restriktionen muß beachtet werden können, da jedes Gelenk eines Manipulators bei der Bewegung Einschränkungen bezüglich der Bewegungsfreiheit, der Geschwindigkeit und eventuell auch der Beschleunigung unterworfen ist. Da hier auch die Forderung nach einer festen Position und Geschwindigkeit des TCP, sowie eventuelle Einschränkungen der Leistung eingehen, muß bei jedem Manipulator von einer größeren Anzahl von Restriktionen ausgegangen werden.

3. Da die Optimierung in jedem Steuertakt erneut aufgerufen wird, darf der Algorithmus nicht zu aufwendig werden, da sonst die innerhalb eines Steuertaktes zur Verfügung stehende Rechenzeit überschritten wird.

Das Verfahren der projizierten Gradienten wurde von Rosen [Rosen1] 1956 der American Mathematical Society erstmals präsentiert. Es ermöglicht die Minimumsuche bei nichtlinearen Funktionen mit linearen Restriktionen. Als Restriktionen können sowohl Gleichungen als auch Ungleichungen berücksichtigt werden. Eine Erweiterung auf nichtlinearer Restriktionen ist möglich [Wolfe].

Das Verfahren von Rosen basiert auf der Suche in Richtung des steilsten Abstiegs und damit in Richtung des Gradienten. Durch Projektion dieses Gradienten wird hier ein Verlassen des durch Restriktionen beschränkten Suchbereichs verhindert. Wird im Lauf der Optimierung eine Randbegrenzung erreicht, so wird diese Restriktion aktiv, d.h. sie wird bei der Berechnung des projizierten Gradienten berücksichtigt. Aktive Restriktionen sind alle Gleichheits- und alle für den aktuellen Optimierungsvektor mit " = " erfüllten Ungleichheits-Restriktionen zu verstehen.

Fordert man, daß alle aktiven Restriktionen linear unabhängig voneinander sind, so kann deren Anzahl maximal die Anzahl der Optimierungsvariablen erreichen. Da alle nichtaktiven Restriktionen nur einen geringen Mehraufwand zur Überprüfung der Lage des aktuellen Optimierungsvektors und der Richtung des Gradienten benötigen, die Anzahl der aktiven Restriktionen jedoch relativ klein bleibt, kann auch eine höhere Anzahl an Nebenbedingungen bei der Optimierung akzeptiert werden.

Untersucht man das Verfahren von Rosen auf Konvergenz und ihre Geschwindigkeit, so werden anhand der Lage des Minimums zwei Fälle unterschieden. Liegt ein Randminimum vor, so wird eine Suche entlang der Randbegrenzungen durchgeführt. Für diesen Fall hat Rosen [Rosen] die Konvergenz des Verfahrens, ohne eine Aussage über die Konvergenzgeschwindigkeit zu machen, nachgewiesen. Befindet sich das Minimum der Zielfunktion im Innern des zulässigen Bereichs, so entspricht das Verfahren nach Rosen dem Gradientenverfahren (Verfahren des steilsten Abstiegs) ohne Restriktionen. Das Gradientenverfahren ist linear konvergent [Zur], insbesondere in der Nähe eines Minimums konvergiert es langsam [Künzi]. Da für die Genauigkeit der Sollwertberechnung die realen Grenzen der Meß- und Regeleinrichtungen ausschlaggebend sind, ist eine exakte Bestimmung des Extremalpunktes aber nicht erforderlich. Die Konvergenz des Verfahrens in Minimumnähe ist also für die Wahl des Optimierungsverfahrens nicht maßgebend.

Zur Vereinfachung des Optimierungsproblems werden die Einzelziele durch quadratische Funktionen beschrieben. Hat eine Anforderung an die Konfiguration, über einen größeren Bewegungsbereich gesehen, ein nichtquadratisches Verhalten, so kann sie durch eine quadratische Funktion angenähert werden. Der Fehler, der durch eine Näherungsfunktion auftritt, ist unerheblich, da in jedem Steuerzyklus die Zielfunktion erneut berechnet wird und der Suchbereich innerhalb eines Steuerzyklus begrenzt ist.

Das Verfahren des projizierten Gradienten erfüllt alle Forderungen bezüglich Konvergenz, Konvergenzgeschwindigkeit und Anzahl der Restriktionen. In den Kapiteln 3.3 und 3.4 wird der Algorithmus beschrieben.

3.3 Gradientenverfahren nach Rosen[1]

3.3.1 Gradientenverfahren:

Ein neuer verbesserter Punkt $\underline{x}^{k+1} \equiv d\underline{\theta}^{k+1}$ wird aus dem augenblicklichen Punkt $\underline{x}^{k} \equiv d\underline{\theta}^{k}$ nach der Gleichung

$$\underline{x}^{k+1} = \underline{x}^{k} - \gamma \cdot \underline{g}^{k} \qquad , \quad k : \text{Iterationsschritt} \qquad (7)$$

berechnet mit

$$\underline{g}^{k} = \left(\left. \frac{\partial Q(\underline{x})}{\partial x_1} \right|_{\underline{x} = \underline{x}^k} , \left. \frac{\partial Q(\underline{x})}{\partial x_2} \right|_{\underline{x} = \underline{x}^k} , \dots , \left. \frac{\partial Q(x)}{\partial x_n} \right|_{\underline{x} = \underline{x}^k} \right)^{T}$$

und

$Q(\underline{x})$: Zielfunktion,

n   : Anzahl der Optimierungsvariablen,

γ : Schrittweite,

k   : Iterationsschritt.

Der optimale Wert für die Schrittweite γ kann durch eine eindimensionale Suche in Richtung von $\underline{g}^k$ bestimmt werden. Es gilt:

$$\min_{\gamma} \left\{ Q(\gamma) = Q(\underline{x}^{k+1}) = Q(\underline{x}^{k} - \gamma \cdot \underline{g}^{k}) \right\} .$$

---

[1] Im weiteren Verlauf dieses Kapitels wird der zu optimierende Vektor der Änderungen $d\underline{\theta}$ durch den in der Literatur gebräuchlicheren Optimierungsvektor $\underline{x}$ (nicht zu verwechseln mit der Position des TCP $\underline{x}$) ersetzt, um zu einer einfacheren und allgemeineren Schreibweise zu gelangen.

3.3.2 Verfahren des projizierten Gradienten nach Rosen

Die üblichen Gradientenverfahren versagen, wenn der Gradient in einem Punkt $\underline{x}^i$, der sich auf dem Rand des zulässigen Bereichs befindet, aus diesem Bereich herauszeigt (Abb. 3.1).

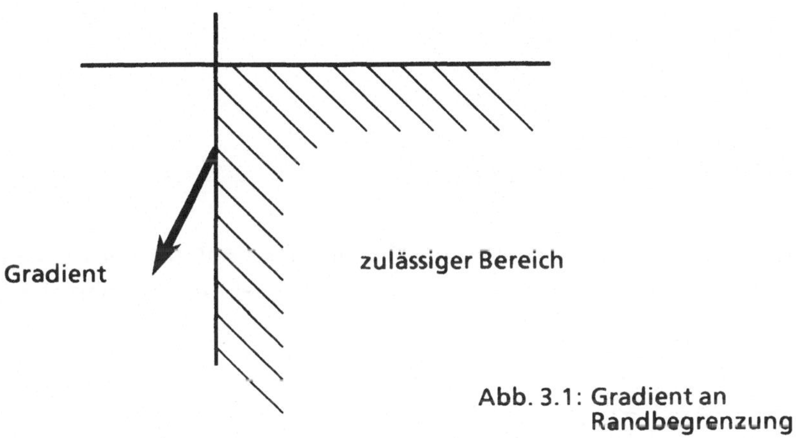

Abb. 3.1: Gradient an Randbegrenzung

Nach dem Verfahren von Rosen [Künzi, Rosen] wird dieser Gradient auf die Randbegrenzung projiziert. Die Optimierung kann somit fortgesetzt werden (Abb. 3.2).

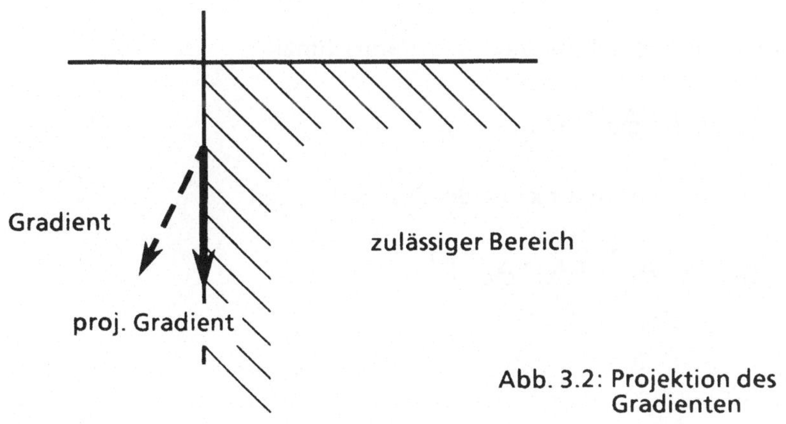

Abb. 3.2: Projektion des Gradienten

3.3.3 Die Projektionsmatrix

Berechnung der Projektionsmatrix

Die Projektion des Gradienten auf die Randbegrenzung erfolgt durch
Multiplikation des Gradienten mit einer Projektionsmatrix $\underline{P}$:

$$\underline{g}_{proj}(\underline{x}^k) = \underline{P}^k \cdot \underline{g}(\underline{x}^k) \qquad .$$

Damit ergibt sich für Gleichung (7)

$$\underline{x}^{k+1} = \underline{x}^k - \gamma \cdot \underline{P}^k \cdot \underline{g}(\underline{x}^k) \qquad . \tag{8}$$

Die Projektionsmatrix $\underline{P}^k$ hat die Aufgabe, den Gradienten auf die Restriktion zu
projizieren, auf der sich der Punkt $\underline{x}^k$ befindet. Bei linearen Restriktionen der
Form

$$\underline{A}_1 \cdot \underline{x}^k \leqq \underline{b}_1$$

und $\quad \underline{A}_2 \cdot \underline{x}^k = \underline{b}_2$

gilt für q aktive Restriktionen die Matrizengleichung

$$\underline{A}_q \cdot \underline{x}^k = \underline{b} \qquad \text{mit} \qquad \underline{A}_q = [\,\underline{a}_1, ..., \underline{a}_q\,]^T \;, \underline{b} = [\,b_1, ..., b_q\,]^T \quad .$$

Die zugehörige Projektionsmatrix ist dann [Künzi]

$$\underline{P}_q^{\,k} = \underline{E} - \underline{A}_q^{\,+} \cdot \underline{A}_q \tag{9}$$

mit $\underline{E}$ als nxn Einheitsmatrix und der Pseudoinversen

$$\underline{A}_q^{\,+} = \underline{A}_q^{\,T} \cdot (\underline{A}_q \cdot \underline{A}_q^{\,T})^{-1} \quad .$$

Rekursive Berechnung der Projektionsmatrix

Bei der Optimierung mit quadratischer Zielfunktion und linearen Restriktionen wird in der Regel in jedem Iterationsschritt eine weitere Restriktion aktiv. Bei jeder Erweiterung der Matrix der Restriktionen muß die Projektionsmatrix erneut berechnet werden. Die Berechnung von $\underline{P}_q^{\,k}$ erfordert die Inversion einer Matrix mit Rang q. Eine häufige Berechnung der Projektionsmatrix führt damit zu hohen Rechenzeiten. Für die Optimierung steht aber bei einem Einsatz des Verfahrens innerhalb einer Steuerung nur eine begrenzte Rechenzeit zur Verfügung. Deshalb wird der Aufwand durch Anwendung einer Rekursionsformel für die Berechnung von $\underline{P}_q$ reduziert [Rosen].

Im k-ten Iterationsschritt wird die Restriktion q aktiv. Dies erfordert eine Erweiterung der Matrix $\underline{A}_{q-1}$ um eine Restriktion $\underline{a}_q \cdot \underline{x}^k = b_q$. Die Matrix der Restriktionen setzt sich somit aus der Matrix $\underline{A}_{q-1}$ und dem Vektor $\underline{a}_q$ zusammen:

$$\underline{A}_q = \begin{bmatrix} \underline{A}_{q-1} \\[2ex] \underline{a}_q^{\,T} \end{bmatrix}$$

Die Projektionsmatrix zur Matrix $\underline{A}_{q-1}$, die aus der vorhergehenden Iteration bekannt ist, lautet nach Gleichung (9)

$$\underline{P}_{q-1} = \underline{E} - \underline{A}_{q-1}^{\,+} \cdot \underline{A}_{q-1} \, .$$

Für die Berechnung der Projektion zur erweiterten Matrix $\underline{A}_q$

$$\underline{P}_q = \underline{E} - \underline{A}_q^{\,T} \, (\underline{A}_q \cdot \underline{A}_q^{\,T})^{-1} \cdot \underline{A}_q$$

wird die Inverse von

$$\underline{M}_q = \underline{A}_q \cdot \underline{A}_q^{\,T} = \begin{bmatrix} \underline{A}_{q-1} \cdot \underline{A}_{q-1}^{\,T} & \underline{A}_{q-1} \cdot \underline{a}_q \\[2ex] \underline{a}_q^{\,T} \cdot \underline{A}_{q-1}^{\,T} & \underline{a}_q^{\,T} \cdot \underline{a}_q \end{bmatrix}$$

benötigt.

Es gilt

$$\underline{M}_q \cdot \underline{B} = \underline{E}$$

mit

$$\underline{B} = \underline{M}_q^{-1} = \begin{bmatrix} \underline{B}_1 & \underline{b}_2 \\ \underline{b}_3 & b_4 \end{bmatrix} \quad .$$

Damit können die Elemente der Inversen Matrix $\underline{B}$ ermittelt werden:

$$b_4 = (\underline{a}_q^T \cdot \underline{P}_{q-1} \cdot \underline{a}_q)^{-1} \tag{10a}$$

$$\underline{b}_3 = -b_4 \cdot \underline{a}_q^T \cdot \underline{A}_{q-1}^+ \tag{10b}$$

$$\underline{b}_2 = -b_4 \cdot (\underline{A}_{q-1}^+)^T \cdot \underline{a}_q \tag{10c}$$

$$\underline{B}_1 = (\underline{A}_{q-1} \cdot \underline{A}_{q-1}^T)^{-1} + \underline{b}_2 \cdot \underline{b}_3 \cdot b_4^{-1} \tag{10d}$$

Durch Multiplikation der Matrix $\underline{A}_q^T$ mit der Matrix $\underline{B}$ ergibt sich die Pseudo-inverse $\underline{A}_q^+$ der Matrix $\underline{A}_q$:

$$\underline{A}_q^+ = \underline{A}_q^T \cdot \underline{B} = [\underline{A}_{q-1}^T \cdot \underline{B}_1 + \underline{a}_q \cdot \underline{b}_3 \, ,$$

$$\underline{A}_{q-1}^T \cdot \underline{b}_2 + \underline{a}_q \cdot b_4]$$

Nach Einsetzen der Elemente (10d), (10c) und (10b) der inversen Matrix $\underline{B}$ und Umformen ergibt sich die Matrix der Pseudoinversen zu

$$\underline{A}_q^+ = [\underline{A}_{q-1}^T \cdot (\underline{A}_{q-1} \cdot \underline{A}_{q-1}^T)^{-1} + \underline{A}_{q-1}^T \cdot \underline{b}_2 \cdot \underline{b}_3 \cdot b_4^{-1} + \underline{a}_q \cdot \underline{b}_3 \, ,$$

$$\underline{A}_{q-1}^T \cdot \underline{b}_2 + \underline{a}_q \cdot b_4]$$

$$= [\underline{A}_{q-1}{}^{+} + (\underline{E} - \underline{A}_{q-1}{}^{T} \cdot (\underline{A}_{q-1}{}^{+})^{T}) \cdot \underline{a}_q \cdot \underline{b}_3 \, ,$$

$$(\underline{E} - \underline{A}_{q-1}{}^{T} \cdot (\underline{A}_{q-1}{}^{+})^{T} \cdot \underline{a}_q \cdot b_4]$$

$$= [\underline{A}_{q-1}{}^{+} - \underline{P}_{q-1} \cdot \underline{a}_q \cdot \underline{a}_q{}^{T} \cdot \underline{A}_{q-1}{}^{+} \cdot b_4 , \quad \underline{P}_{q-1} \cdot \underline{a}_q \cdot b_4]$$

$$= [\, (\underline{E} - \underline{P}_{q-1} \cdot \underline{a}_q \cdot \underline{a}_q{}^{T} \cdot b_4) \cdot \underline{A}_{q-1}{}^{+} , \underline{P}_{q-1} \cdot \underline{a}_q \cdot b_4] \quad .$$

Die Projektionsmatrix ergibt sich zu

$$\underline{P}_q = \underline{E} - \underline{A}_q{}^{+} \cdot \underline{A}_q$$

$$= \underline{E} - (\underline{E} - \underline{P}_{q-1} \cdot \underline{a}_q \cdot \underline{a}_q{}^{T} \cdot b_4) \underline{A}_{q-1}{}^{+} \cdot \underline{A}_{q-1} + (\underline{P}_{q-1} \cdot \underline{a}_q \cdot b_4) \cdot \underline{a}_q$$

$$= \underline{P}_{q-1} - \underline{P}_{q-1} \cdot \underline{a}_q \cdot \underline{a}_q{}^{T} \cdot \underline{P}_{q-1} / (\underline{a}_q \cdot \underline{P}_{q-1} \cdot \underline{a}_q{}^{T})$$

Aufgrund der Penrose Bedingungen [Maess] erhalt man folgende Rekursionsformel zur Berechnung der Projektionsmatrix:

$$\underline{P}_q = \underline{P}_{q-1} - \frac{\underline{c} \cdot \underline{c}^{T}}{\underline{c}^{T} \cdot \underline{c}} \qquad \text{und} \qquad \underline{c} = \underline{P}_{q-1} \cdot \underline{a}_q \qquad (11)$$

Gewichtete Projektionsmatrix

Die Projektionsmatrix kann durch eine Gewichtungsmatrix $\underline{W}$ erweitert werden.
Die gewichtete Projektionsmatrix ergibt sich zu

$$\underline{P}^{(w)}{}_q = \underline{E} - \underline{W}^2 \cdot \underline{A}_q{}^{T} (\underline{A}_q \cdot \underline{W}^2 \cdot \underline{A}_q{}^{T})^{-1} \cdot \underline{A}_q \cdot \underline{W}^2$$

mit $\underline{W}^2 = \underline{W}^{T} \cdot \underline{W}$ und $\underline{W}$ ist nxn Diagonalmatrix.

Auch hier ist die Anwendung einer Rekursionsformel wünschenswert. Deshalb wird die Gleichung der gewichteten Projektionsmatrix so modifiziert, daß die Rekursionsformel angewandt werden kann:

$$\underline{P}^{(w)}{}_q = \underline{W} \cdot \left(\underline{E} - (\underline{A}_q \cdot \underline{W})^+ \cdot (\underline{A}_q \cdot \underline{W}) \right) \cdot \underline{W} \quad .$$

Mit
$$\underline{P}_q{}^* = \underline{E} - (\underline{A}_q \cdot \underline{W})^+ \cdot (\underline{A}_q \cdot \underline{W})$$

erhält man mit Hilfe der Rekursionsformel (11)

$$\underline{P}_q{}^* = \underline{P}_{q-1}{}^* - \frac{\underline{v} \cdot \underline{v}^T}{\underline{v}^T \cdot \underline{v}} \qquad \text{und} \qquad \underline{v} = \underline{P}_{q-1}{}^* \cdot \underline{W} \cdot \underline{a}_q \quad .$$

Durch Einsetzen dieser Gleichung in

$$\underline{P}^{(w)}{}_q = \underline{W} \cdot \underline{P}_q{}^* \cdot \underline{W}$$

und mit

$$\underline{v} = \underline{W}^{-1} \cdot \underline{P}_{q-1}{}^{(w)} \cdot \underline{W}^{-1} \cdot \underline{W} \cdot \underline{a}_q = \underline{W}^{-1} \cdot \underline{P}_{q-1}{}^{(w)} \cdot \underline{a}_q$$

ergibt sich die Gleichung zur rekursiven Berechnung der gewichteten Projektionsmatrix:

$$\underline{P}^{(w)}{}_q = \underline{P}^{(w)}{}_{q-1} - \frac{\underline{c} \cdot \underline{c}^T}{\underline{c}^T \cdot \underline{W}^{-2} \cdot \underline{c}} \qquad \text{und} \qquad \underline{c} = \underline{P}^{(w)}{}_{q-1} \cdot \underline{a}_q$$

mit $\underline{W}^{-2} = (\underline{W}^{-1})^T \cdot \underline{W}^{-1} \quad .$

3.4 Allgemeine Rekursionsvorschrift

Hier wird zunächst eine sehr allgemein gehaltene und etwas vereinfachte Rekursionsvorschrift zu dem in den letzten Abschnitten beschriebenen Optimierungsverfahren gegeben. Dies soll hauptsächlich dem Verständnis des Verfahrens dienen und ist deshalb noch nicht anwendungsbezogen. Im nächsten Abschnitt wird dann die Anwendung der Optimierung auf die Steuerung eines beliebigen, redundanten Manipulators gezeigt.

1. Schritt: Start der Optimierung

Zu Beginn müssen Startvektor, Zielfunktion und Restriktionen der Optimierung ermittelt werden:

$$Q\,(\underline{x}) \qquad : \text{Zielfunktion}$$

$$\underline{A}_1 \cdot \underline{x} = \underline{b}_1 \qquad ,$$

$$\underline{A}_2 \cdot \underline{x} \le \underline{b}_2 \qquad : \text{Restriktionen}$$

$$\underline{x}^0 \qquad : \text{Startvektor für } \underline{x}$$

$$k = 0 \qquad : \text{Iterationszähler}$$

2. Schritt: Berechnung des Gradienten im k-ten Optimierungsschritt

Der Gradient zur Zielfunktion $Q\,(\underline{x})$ wird berechnet und mit der Projektionsmatrix multipliziert:

$$\underline{g}^k = \underline{g}\,(\underline{x}^k) = \left. \frac{dQ\,(\underline{x})}{d\underline{x}} \right|_{\underline{x} = \underline{x}^k} \qquad : \text{Gradient}$$

$$\underline{g}^k_{\text{proj}} = \underline{P}_q{}^k \cdot \underline{g}^k \qquad : \text{projizierter Gradient}$$

Die Projektionsmatrix berechnet sich, wie im vorhergehenden Kapitel gezeigt, aus der Matrix der Restriktionen $\underline{A}$. Diese Matrix setzt sich aus der Matrix $\underline{A}_1$ und den aktiven Restriktionen der Matrix $\underline{A}_2$ zusammen.

3. Schritt: Berechnung des Optimierungsvektors

Der Optimierungsvektor $\underline{x}^{k+1}$ wird nach dem Gradientenverfahren durch

$$\underline{x}^{k+1} = \underline{x}^k - \gamma \cdot \underline{g}^k_{proj}$$

ermittelt. Mit Hilfe eines eindimensionalen Suchverfahrens kann der Wert für $\gamma = \gamma_{opt}$ gefunden werden. Dabei gilt aufgrund der Restriktionen

$$\underline{A}_2 \cdot \underline{x}^{k+1} = \underline{A}_2 \cdot (\underline{x}^k - \gamma \cdot \underline{g}^k_{proj}) \leq \underline{b}_2$$

die Einschränkung

$$\gamma_{min} \leq \gamma \leq \gamma_{max} \quad .$$

Falls das Minimum nicht gefunden ist, wird die Optimierung mit dem neuen Optimierungsvektor

$$\underline{x}^{k+1} = \underline{x}^k - \gamma_{opt} \cdot \underline{g}^k_{proj}$$

fortgesetzt. Dies bedeutet eine Wiederholung der Schritte 2 bis 4.

4. Schritt: Ende der Optimierung

Liegt ein Randminimum vor, so ist der Vektor $\underline{x}^k$ das Ergebnis der Optimierung, wenn die notwendige und die hinreichende Bedingung für ein Minimum nach Rosen [Rosen, Künzi] erfüllt sind:

$$\underline{P}_q^k \cdot \underline{g}(\underline{x}^k) = \underline{0} \qquad \text{und} \qquad (\underline{A}_q \cdot \underline{A}_q^T)^{-1} \cdot \underline{A}_q \cdot \underline{g}(\underline{x}^k) \geq 0 \; .$$

Befindet sich das Minimum im Innern des zulässigen Bereichs, so ist die Optimierung beendet, wenn

$$|\underline{x}^{k+1} - \underline{x}^k| < \varepsilon \qquad \text{mit } \varepsilon \text{ als Genauigkeitsschranke.}$$

4 Konfigurationssteuerung durch Optimierung

4.1 Zielfunktionen

Die wohl wichtigsten und am häufigsten behandelten Kriterien sind die Vermeidung von Kollisionen mit ruhenden [Klein-2] oder bewegten Hindernissen [Macie-2], die Erhöhung der Manipulierbarkeit [Yosh] und der Geschwindigkeit [Dubey], die Vermeidung von Singularitäten [Yosh] und die Minimierung der Leistung [Colb, White]. Diese in der Literatur als Gradienten für die Pseudoinverse formulierten Forderungen werden Zielfunktionen der Optimierung.

Für die Anwendung des Verfahrens von Rosen wird in Kapitel 3 eine quadratische oder quadratisch approximierte Zielfunktion Q vorausgesetzt:

$$Q = \underline{p}^T \cdot d\underline{\theta} + d\underline{\theta}^T \cdot \underline{C} \cdot d\underline{\theta} \qquad .$$

Um das Vorhandensein eines Minimums zu gewährleisten, muß die Matrix $\underline{C}$ positiv definit sein. Da das grundlegende Ziel nicht die Suche eines Minimums, sondern die Verbesserung der Gelenkstellung innerhalb bestimmter sehr enger Grenzen ist, kann hier ebenso eine lineare Funktion oder eine Funktion mit einem Maximum als Extremwert zugelassen werden. Soll allerdings zu einer TCP-Position global eine optimale Konfiguration ermittelt werden - eine Option, die ebenfalls Element der Steuerung sein kann - so ist eine positiv definite Matrix $\underline{C}$ erforderlich.

Die im folgenden in sehr allgemeiner Form hergeleiteten Zielfunktionen ersetzen einen Großteil der aus der Literatur für die Ausnutzung von Redundanz bekannten Kriterien. Durch Anpassung von Parametern haben sie für mehrere artverwandte Probleme Gültigkeit. Im Anhang E sind die in den Kapiteln 4.1.1 bis 4.1.3 beschrieben Funktionen in einer Übersichtstabelle zusammengefaßt.

4.1.1 Gelenkstellung und -geschwindigkeit

Sollwerte der Gelenkstellung oder -geschwindigkeit sollen durch die Optimierung möglichst gut angenähert werden. Die Verwendung der Summe der

Abweichungen im Quadrat ist als Kriterium naheliegend:

$$\min_{d\underline{\theta}} \{ \tilde{Q} \equiv |d\underline{\theta}_{soll} - d\underline{\theta}|^2 \} \qquad \text{bzw.}$$

$$\min_{d\underline{\theta}} \{ Q \equiv -2 \cdot d\underline{\theta}_{soll}{}^T \cdot d\underline{\theta} + d\underline{\theta}^T \cdot d\underline{\theta} \} \quad , \qquad (13)$$

$$d\underline{\theta}_{soll} = \underline{\omega}_{soll} \cdot dt \qquad : \text{Ziel ist die Geschwindigkeit } \underline{\omega}_{soll} ,$$

$$d\underline{\theta}_{soll} = \underline{\theta}_{soll} - \underline{\theta}_{akt} \qquad : \text{Ziel ist die Konfiguration } \underline{\theta}_{soll}$$

mit dt : Steuerzyklus ,

$\underline{\theta}_{akt}$: Gelenkstellung $\underline{\theta}$ des letzten Steuerzyklus .

Die einfachste Anwendung dieses Kriteriums ist die Vorgabe eines festen Winkelwerts für ein oder mehrere Gelenke. Ligois [Lig] verwendete den Gradienten dieses Kriteriums für den homogenen Teil der Moore - Penrose - Inversen (vgl. (4)), um alle Gelenke in der Mitte ihres Bewegungsraums zwischen Minimal- und Maximalwert zu halten. Klein und Chirco [Klein-1b] haben die Idee aufgegriffen und das Kriterium als JRAE = ($\underline{\theta}$ - $\underline{\theta}_c$)² (*Joint Range Availibility with Euclidean Norm*) bezeichnet. Die Elemente des Vektors $\underline{\theta}_c$ stehen für die günstigste Stellung eines Gelenks, die angenähert werden soll.

Es ist möglich, beliebige inverse Transformationen durch eine in jedem Steuertakt veränderliche Konfigurationsvorgabe zu simulieren. Dies ist beispielsweise von Interesse, wenn von einer inversen Transformation nur einige Stützpunkte vorliegen und der Algorithmus nicht bekannt oder nicht berechenbar ist. Durch Interpolation können Zwischenwerte für die einzelnen Gelenke gefunden werden, ohne daß auf Ungenauigkeiten, die dadurch bei einer Berechnung der TCP-Bahn auftreten, geachtet werden müßte. Die Konfigurationssteuerung sorgt für eine Einhaltung der TCP-Bahn, einer möglichst guten Annäherung an die Vorgaben der Konfiguration und die Einhaltung der Grenzwerte.

Die Forderung, die Gelenkgeschwindigkeiten möglichst konstant zu halten bzw. die Änderungen zu minimieren, kann durch eine Vorgabe der Geschwindigkeiten des vorhergehenden Steuertaktes als Sollwertvektor $\underline{\omega}_{soll}$ erreicht werden.

Stellt man die zu Kriterium (13) konträre Forderung, eine Konfiguration $\underline{\theta}_{krit}$ solle möglichst vermieden werden, so kann dies durch ein negatives Vorzeichen in der Zielfunktion erreicht werden, da dies eine Maximierung des Betragsquadrats zur Folge hat:

$$\min_{d\underline{\theta}} \left\{ \tilde{Q} \equiv - | \underline{\theta}_{krit} - \underline{\theta}_{akt} - d\underline{\theta} |^2 \right\} \qquad \text{bzw.}$$

$$\min_{d\underline{\theta}} \left\{ Q \equiv 2 \cdot (\underline{\theta}_{krit} - \underline{\theta}_{akt})^T \cdot d\underline{\theta} - d\underline{\theta}^T \cdot d\underline{\theta} \right\} \qquad . \qquad (14)$$

Diese Zielfunktion ist mit Vorsicht anzuwenden, da die Matrix $\underline{C}$ nicht positiv definit ist. Die Konvergenz der quadratischen Optimierung ist nicht mehr gewährleistet.

Mit der Zielfunktion (13) lassen sich bekannte Singularitäten $\underline{\theta}_{krit}$ vermeiden.

4.1.2 Distanz im kartesischen Raum

Die Distanz zweier kartesischer Positionen im Raum

$$\underline{x}_p = (x_p , y_p , z_p) \qquad \text{und} \qquad \underline{x}_q = (x_q , y_q , z_q)$$

soll je nach Anforderung minimiert oder maximiert werden. Der Distanzvektor $\underline{d}$ der Vektoren $\underline{x}_p$ und $\underline{x}_q$ berechnet sich durch

$$\underline{d} = \underline{x}_p - \underline{x}_q \qquad , \qquad \underline{d} : \text{Distanzvektor} \quad .$$

Betrachtet man die Positionen zu den Zeitpunkten t_k und t_{k+1}, so verschiebt sich jede Position im Zeitraum $\Delta t = t_{k+1} - t_k$ um einen Vektor $d\underline{x}_p$ bzw. $d\underline{x}_q$. Die Distanz zum Zeitpunkt t_{k+1} kann deshalb aus den Positionen zum Zeitpunkt t_k und der Verschiebung berechnet werden:

$$\underline{d}^{k+1} = \underline{x}_p^{k+1} - \underline{x}_q^{k+1}$$

$$= \underline{x}_p^k + d\underline{x}_p - \underline{x}_q^k - d\underline{x}_q$$

Die Distanz kann als quadratische Zielfunktion ausgedrückt werden:

$$Q = \underline{d}^{k+1} \cdot (\underline{d}^{k+1})^T$$

Die Minimierung der Distanz kann nun in einfacher Weise durch die Zielfunktion

$$\min_{\underline{d}} \{\, Q = \underline{d} \cdot \underline{d}^T \,\} \quad ,$$

und eine Maximierung durch

$$\max_{\underline{d}} \{\, Q = \underline{d} \cdot \underline{d}^T \,\} \quad ,$$

erreicht werden.

Angewandt auf einen Manipulator können die zunächst sehr allgemein als
"Positionen im Raum" bezeichneten Vektoren $\underline{x}_p$ und $\underline{x}_q$ folgende Bedeutung
erhalten:

1. $\underline{x}_p$ sei eine für ein Hindernis charakteristische Position. Das Hindernis
   bewegt sich innerhalb einer Zeiteinheit Δt um den Vektor $d\underline{x}_p$. Der Vektor
   $\underline{x}_q$ entspricht einer beliebigen Position auf einem der Glieder eines
   Manipulators. Die Bewegung $d\underline{x}_q$ dieser Position $\underline{x}_q$ ist von der Änderung
   der Gelenkstellung des Manipulators abhängig und wird durch

$$d\underline{x}_q = \underline{J}_q \cdot d\underline{\theta} \ .$$

berechnet. Damit ergibt sich als Zielfunktion die quadratische Funktion:

$$\min_{d\underline{\theta}} \{\, Q = \pm \mid \underline{x}_p{}^k - \underline{x}_q{}^k + d\underline{x}_p - \underline{J}_q \cdot d\underline{\theta} \mid^2 \,\} \ . \qquad (15)$$

Soll der Fall eines ruhenden Hindernisses betrachtet werden, so ist $d\underline{x}_p$ Null.
Ein bewegtes Hindernis könnte auch ein zweiter, im Arbeitsraum
befindlicher Manipulator sein. Die Maximierung der Distanz zu einem
beliebigen Hindernis wird durch Verwendung des negativen Vorzeichens
erreicht. Es kann auch eine möglichst gute Annäherung eines

Manipulatorglieds an eine vorgegebene Position $\underline{x}_p$ gefordert werden. In diesem Fall ist in obiger Gleichung das positive Vorzeichen zu wählen.

2. Um zu vermeiden, daß der Manipulator mit seinen eigenen Gliedern kollidiert, soll die Distanz des Gliedes i zum Glied m desselben Manipulators maximiert werden. Hierfür werden zwei charakteristische Positionen auf den Manipulatorgliedern gewählt. Die Geschwindigkeit mit der sich diese Positionen bewegen, ist von der Winkeländerung der Manipulatorgelenke abhängig. Wird die Wegänderung des Gliedes i durch $d\underline{x}_p = \underline{J}_i \cdot d\underline{\theta}$ und die Wegänderung des Gliedes m durch $d\underline{x}_q = \underline{J}_m \cdot d\underline{\theta}$ berechnet, so ergibt sich die Zielfunktion

$$\min_{d\underline{\theta}} \left\{ Q = - \left| \underline{x}_p{}^k - \underline{x}_q{}^k + (\underline{J}_i - \underline{J}_m) \cdot d\underline{\theta} \right|^2 \right\} \quad . \qquad (16)$$

Die Vektoren $\underline{x}_p{}^k$ und $\underline{x}_q{}^k$ sind hier die Positionen der Glieder zum Zeitpunkt t_k.

Auch hier stellt sich das Problem, daß bei negativem Vorzeichen der Zielfunktion kein Minimum vorhanden ist. Betrachtet man die Anwendung der Zielfunktion zur Vermeidung von Hindernissen, so ist ein Maximieren der Distanz nur innerhalb einer begrenzten Anzahl an Steuerzyklen notwendig. Sobald eine geforderte Mindestdistanz erreicht ist, kann bei der Berechnung der Zielfunktionen auf diese Option verzichtet werden. Deshalb wird hier auch die Forderung nach dem Erreichen des Minimums nicht unbedingt benötigt.

4.1.3 Manipulierbarkeit und Geschwindigkeit

Der Betrag der Geschwindigkeit, die am TCP eines Manipulators erreicht werden kann, hängt in der Regel von der aktuellen Konfiguration der Gelenke ab. Will man die Güte einer Konfiguration hinsichtlich der erreichbaren Geschwindigkeit am TCP bewerten und optimieren, so können zwei verschiedene Zielsetzungen auftreten:

1. Der TCP soll ohne Richtungsänderung mit einer möglichst hohen konstanten Geschwindigkeit auf einer Geraden bewegt werden. Alle Kriterien hierzu werden im folgenden als Kriterium für *richtungsorientierte Geschwindigkeit* bezeichnet.

2. Der TCP soll mit konstanter Geschwindigkeit eine Bahn abfahren, die häufig die Bewegungsrichtung wechselt. Alle Kriterien, die unabhängig von der Bewegungsrichtung der Manipulatorspitze eine Bewertung der Konfiguration hinsichtlich der Bewegungsfreiheit des TCP erlauben, werden im folgenden unter dem Begriff Kriterium zur *Manipulierbarkeit* in Anlehnung an die Bezeichnung von Yoshikawa [Yosh] gewählt.

Ein Kriterium zur richtungsorientierten Geschwindigkeitsbewertung wurde von Dubey und Luh [Dubey] aufgestellt. Klein und Blaho [Klein-1a] haben für die Bewertung der Manipulierbarkeit vier verschiedene Kriterien hinsichtlich des Verhaltens an Singularitäten und beliebigen Arbeitspunkten, der Eignung bei der Suche nach der optimalen Konfiguration zu einer festen Position des TCP's und der Anwendung beim Entwurf eines redundanten Manipulators untersucht und verglichen. Bei der Optimierung ist nicht nur eine Bewertung der aktuellen Konfiguration gefordert, sondern vor allem eine Aussage, ob sich die Konfiguration hinsichtlich eines Kriteriums bei einer Bewegung verbessert oder verschlechtert. Deshalb kann keines der vorgeschlagenen Kriterien in der angegebenen Form verwendet werden. Die Zielfunktion kann jedoch anhand dieser Kriterien hergeleitet werden, sofern sie differenzierbar sind.

Bei der Herleitung einer Zielfunktion aus einem Kriterium muß folgendes beachtet werden:

1. Das Kriterium sollte zu jeder Position des TCP's eine optimale Konfiguration kennen.

2. Sind weitere Forderungen an die Konfiguration vorhanden, so muß zu einem aktuellen Arbeitspunkt auch eine suboptimale Konfiguration bewertet werden können.

3. Das Kriterium muß differenzierbar sein.

4. Es ist wünschenswert, jedoch nicht notwendig, daß Singularitäten erkannt und mit Hilfe der Optimierung vermieden werden.

Anhand der Punkte 1 bis 4 sollen nun einige der Kriterien untersucht werden.

Das bereits in Abschnitt 4.2.1 vorgestellte JRAE - Kriterium erfüllt nur die Punkte 1 und 3. Yoshikawa [Yosh] bewertet die Manipulierbarkeit durch das Volumen eines Ellipsoids um den TCP, dessen Hüllfläche sich aus denjenigen Punkten zusammensetzt, die innerhalb eines Zeitintervalls bei Bewegung des TCP in diese Richtung mit Sicherheit erreicht werden können. Als Einschränkung der Bewegung wird die Begrenzung der Geschwindigkeit der Gelenke auf einen Maximalwert zugrundegelegt. Das von Yoshikawa als *manipulability* bezeichnete Kriterium erfüllt die Voraussetzungen 2, 3 und 4, wobei die Differentation bei komplexeren Manipulatoren jedoch Probleme bereiten dürfte. Das von Dubey und Luh [Dubey] vorgeschlagene Kriterium MVR (*Manipulator - Velocity - Ratio*) zur richtungsorientierten Geschwindigkeitsoptimierung lehnt sich in der Herleitung stark an das von Yoshikawa vorgeschlagene Kriterium an und erfüllt ebenfalls die Forderungen 2 bis 4, ist jedoch einfacher zu differenzieren. Die von Klein und Blaho [Klein-2] untersuchten Kriterien *condition number* und *minimum singular value* basieren auf der Berechnung der minimalen und maximalen Eigenwerte der Jacobimatrix. Da diese nur für den zweidimensionalen Fall in geschlossener Form angegeben werden können, sind hier nur die Punkte 2 und 4 ohne Einschränkung erfüllt.

4.2 Restriktionen

Im folgenden werden die wesentlichen Restriktionen zusammengefaßt, die bei redundanten Manipulatoren auftreten. Selbstverständlich kann die Matrix der Restriktionen erweitert werden.

4.2.1 Berücksichtigung der TCP - Bewegung

Bei der Optimierung werden Position und Orientierung des TCP um den Vektor $d\underline{x}$ verändert. Es gilt:

$$d\underline{x} = \underline{J} \cdot d\underline{\theta} \quad . \tag{17}$$

Vergleicht man dies mit der Gleichung (6) aus Abschnitt 3.1, so entspricht $\underline{A}_2$ der Jacobimatrix $\underline{J}$ und $d\underline{x}$ dem Vektor $\underline{b}_2$. Damit sind inkrementelle Bewegungen des TCP möglich. Wird eine reine Eigen-Bewegung der Gelenke verlangt, d.h. bei festgehaltener Position und Orientierung des TCP soll die Konfiguration der Gelenke verändert werden, so ist $d\underline{x}$ Null.

4.2.2 Berücksichtigung von Grenzwerten

Bei jedem realen Manipulator sind sowohl Endanschläge als auch Begrenzungen der Geschwindigkeit, eventuell sogar der Beschleunigung der einzelnen Gelenke, zu berücksichtigen.

Aufgrund der begrenzten Geschwindigkeiten $\omega_{i,max}$ der Gelenke gilt die Einschränkung

$$|\dot{\underline{\theta}}_i| \leqq \omega_{i,max}$$

oder mit dem Zeitintervall Δt und der Winkeländerung $d\underline{\theta}$

$$-\omega_{i,max} \cdot \Delta t \ \leqq \ d\underline{\theta}_i \ \leqq \ \omega_{i,max} \cdot \Delta t \quad . \tag{18}$$

Die Winkel der Gelenke sind außerdem durch Minimal- und Maximalwerte begrenzt. Diese Begrenzung gilt auch nach einer Winkeländerung $d\theta_i$:

$$\theta_{i,min} \ \leqq \ \theta_i + d\theta_i \ \leqq \ \theta_{i,max} \quad . \tag{19}$$

Falls eine Begrenzung der Beschleunigungen $\dot{\omega}_{i,max}$ gewünscht wird, so kann dies durch

$$-\dot{\omega}_{i,max} \cdot \Delta t^2 \ \leqq \ d\theta_i - d\theta_{i,alt} \ \leqq \ \dot{\omega}_{i,max} \cdot \Delta t^2 \tag{20}$$

mit $d\theta_{i,alt}$ als Gelenkwinkeländerung im vorhergehenden Steuerzyklus festgelegt werden.

Aus den Gleichungen (18), (19) und (20) können für jedes Gelenk i minimal und maximal zulässige Änderungen der Stellung abgeleitet werden:

$$d\theta_{i,min} \ \leqq \ d\theta_i \ \leqq \ d\theta_{i,max} \tag{21}$$

mit
$$d\theta_{i,min} = \max \{ \theta_{i,min} - \theta_i, \ -\omega_{i,max} \cdot \Delta t, \ d\theta_{i,alt} - \dot{\omega}_{i,max} \cdot \Delta t^2 \} \ ,$$

$$d\theta_{i,max} = \min \{ \theta_{i,max} - \theta_i, \ \omega_{i,max} \cdot \Delta t, \ d\theta_{i,alt} + \dot{\omega}_{i,max} \cdot \Delta t^2 \}.$$

Verallgemeinert man die Schreibweise in Gleichung (21), so erhält man die Darstellung (6) aus Kapitel 3.1:

$$\underline{A}_1 \cdot d\underline{\theta} \leqq \underline{b}_1$$

mit $\quad \underline{A}_1 = (-\underline{E}_n , \underline{E}_n)^T,$

$$\underline{b}_1 = (-d\theta_{1,min}, \ldots, -d\theta_{n,min}, d\theta_{1,max}, \ldots, d\theta_{n,max})^T \quad , \quad (22)$$

$$n \quad : \text{Anzahl der Variablen,}$$
$$\underline{E}_n \quad : \text{nxn Einheitsmatrix.}$$

Eine weitere Möglichkeit die Beschleunigungen zu begrenzen, ist die Erweiterung des Optimierungsvektors. Durch Ableitung der Gleichung

$$d\underline{x} = \underline{J} \cdot d\underline{\theta} \quad \text{erhält man} \quad d\underline{\dot{x}} = \underline{J} \cdot d\underline{\dot{\theta}} + \underline{\dot{J}} \cdot d\underline{\theta} \ .$$

Der Optimierungsvektor ist zu erweitern ($d\underline{\theta}^T, d\underline{\dot{\theta}}^T$). Für die Beschleunigungen der Gelenke können Restriktionen und Zielfunktionen formuliert werden.

4.2.3 Begrenzung der Leistung

Die Leistung so klein wie möglich zu halten, ist eine zweckmäßige Forderung für jede Manipulatorbewegung. Ist die verfügbare Leistung begrenzt, so muß die Einhaltung des Grenzwerts gewährleistet sein. Durch folgende Vorgehensweise können die Anforderungen *"Minimierung der Leistung"* und *"Begrenzung der Leistung"* miteinander verbunden werden.

Man berechnet als Startvektor der Optimierung diejenige Lösung $d\underline{\theta}_0$, die eine geforderte Bewegung $d\underline{x}$ mit minimaler Leistung durchführt. Anschließend wird die Konfiguration in Richtung wachsender Leistung optimiert. Die maximale Leistung kann als Abbruchkriterium der Optimierung herangezogen werden.

Bei einem hydraulischen Antrieb ist die Leistung L_{hydr}

$$L_{hydr} = p \cdot D \quad , \tag{23}$$

mit
$\quad\quad p \quad :$ Hydraulikdruck,
$\quad\quad D \quad :$ Öldurchfluß.

Der Durchfluß für einen Hydraulikzylinder i ist vom Kolbenquerschnitt und der Zylindergeschwindigkeit abhängig:

$$D_i = A_{zi} \cdot v_{zi} \quad , \quad i = 0 \ldots n \quad , \tag{24}$$

A_{zi} : Kolbenquerschnitt,
v_{zi} : Zylindergeschwindigkeit,
n : Anzahl der Gelenke.

Der Betrag der Geschwindigkeit θ_i des Gelenks i errechnet sich durch

$$|\dot{\theta}_i| = \ddot{U}_i(\theta_i) \cdot v_{zi} \quad , \tag{25}$$

$\ddot{U}_i(\theta_i)$: Übersetzung,
θ_i : Gelenkstellung.

Ist der Durchfluß eines Gelenks i durch einen Maximalwert $D_{i,max}$ bei einer Zylindergeschwindigkeit $v_{zi,max}$ beschränkt, so gilt aufgrund der Gleichungen (24) und (25):

$$D_i = D_{i,max} \cdot \frac{v_{zi}}{v_{zi,max}} = D_{i,max} \cdot \frac{|\dot{\theta}_i|}{\ddot{U}_i(\theta_i) \cdot v_{zi,max}} \quad . \tag{26}$$

Mit Gleichung (26) und

$$\omega_{i,max}(\theta_i) = \ddot{U}_i(\theta_i) \cdot v_{zi,max} \quad ,$$

$\omega_{i,max}(\theta_i)$: maximale Gelenkgeschwindigkeit, ergibt sich die gesamte hydraulische Leistung aus (23) zu

$$L_{hydr} = p \cdot \sum_{i=1}^{n} \left(D_{i,max} \cdot \frac{|\dot{\theta}_i|}{\omega_{i,max}(\theta_i)} \right) \quad . \tag{27}$$

Setzt man einen konstanten Hydraulikdruck p voraus, so ist die Leistung vom Verhältnis der aktuellen Gelenkgeschwindigkeit zu ihrem Maximalwert abhängig.

Die Minimierung der Leistung kann nach Colbaugh [Colb] oder Whitney [Whit] durch eine Gewichtung der Pseudoinversen mit einer Gewichtungsmatrix $\underline{W}$ erreicht werden. Durch die Wahl dieser Gewichtungsmatrix zu

$$\underline{W} = \text{diag} \left(\frac{\omega_{1,max}(\theta_1)}{D_{1,max}} , \frac{\omega_{2,max}(\theta_2)}{D_{2,max}} , \dots , \frac{\omega_{n,max}(\theta_n)}{D_{n,max}} \right) \quad , \tag{28a}$$

bzw. bei $D_{1,max} = D_{2,max} = \dots = D_{n,max}$ zu

$$\underline{W} = \text{diag} \left(\omega_{1,max}(\theta_1), \omega_{2,max}(\theta_2), \dots , \omega_{n,max}(\theta_n) \right) \tag{28b}$$

wird das Betragsquadrat des Vektors $\underline{W}^{-1} \cdot \underline{\dot{\theta}}$ minimiert.

4.3 Startwerte und Abbruchkriterien

Jedes iterative Optimierungsverfahren benötigt einen Startwert bzw. Startvektor. Bei der Wahl des Startvektors für das Gradientenverfahren nach Rosen muß beachtet werden, daß der Startvektor zulässig ist. Er kann also nicht beliebig gewählt werden. Ist eine hohe Anzahl an Restriktionen vorhanden, kann die Suche nach einem zulässigen Startvektor $d\underline{\theta}_0$ problematisch sein.

Der Startvektor muß die geforderte TCP-Bewegung $d\underline{x}$ gewährleisten, d.h.

$$d\underline{x} = \underline{J} \cdot d\underline{\theta} \quad .$$

Die Suche nach einem zulässigen Startvektor kann durch eine Erweiterung des Optimierungsverfahrens erreicht werden. Zunächst wird der Startvektor $d\underline{\theta}_0{}^0$ durch die Pseudoinverse der gewichteten Jacobimatrix

$$d\underline{\theta}_0{}^0 = \gamma^0 \cdot \underline{W} \cdot (\underline{J} \cdot \underline{W})^+ \cdot d\underline{x} \qquad , \qquad 0 \leqq \gamma^0 \leqq 1$$

$$\underline{W} \quad : \text{Gewichtungsmatrix} \quad ,$$
$$d\underline{x} \quad : \text{Bewegung des TCP} \quad ,$$
$$\underline{J} \quad : \text{Jacobimatrix}$$

berechnet, wobei der Multiplikator γ^0 so gewählt wird, daß alle Restriktionen eingehalten werden. Falls γ^0 den Wert 1 nicht erreicht, wird das Gradientenverfahren nach Rosen auch hier angewandt. Die Matrix der Restriktionen setzt sich aus allen aktiven Restriktionen zusammen, enthält aber nicht die Jacobimatrix. Der k + 1. Startvektor wird durch

$$d\underline{\theta}_0{}^{k+1} = d\underline{\theta}_0{}^k - \gamma^{k+1} \cdot \underline{P} \cdot \underline{J}^T \cdot (\underline{J} \cdot \underline{P} \cdot \underline{J}^T)^{-1} \cdot d\underline{x}$$

berechnet. Die Iteration wird so lange fortgesetzt, bis die Summe der Multiplikatoren $\gamma^0 - \gamma^1 - \ldots - \gamma^{k+1}$ den Wert 1 erreicht hat. Bei entsprechender Wahl der Gewichtungsmatrix $\underline{W}$ (vgl. (28)) ist diejenige Lösung $d\underline{\theta}_0$ gefunden, die die geforderte Bewegung des TCP mit dem geringsten Leistungsaufwand, entsprechend der Forderung in Kapitel 4.2.3, ermöglicht. Übersteigt die Anzahl der Restriktionen die Anzahl der redundanten Freiheitsgrade, oder erreicht die Leistung ihren Maximalwert, so ist die maximal mögliche Geschwindigkeit in dieser Richtung erreicht. Die geforderte TCP-Geschwindigkeit kann nicht eingehalten werden.

Das Verfahren sucht in Richtung wachsender Leistung anhand der Zielfunktionen die optimale Konfiguration. Die Optimierung ist beendet, wenn

1. die berechnete Leistung nach Gleichung (27) in Abschnitt 4.2.3 die maximale Leistung des Hydraulikaggregates übersteigt

$$L_{hydr} \geqq L_{hydr,max} = p \cdot D_{max} . \tag{29}$$

Da ein konstanter Druck vorausgesetzt wurde, kann als Abbruchkriterium der maximale Öldurchfluß D_{max} verwendet werden:

$$D \geqq D_{max} \quad .$$

Mit Gleichung (27) sind daraus

$$\sum_{i=1}^{n} \left(D_{i,max} \cdot \frac{|\dot{\theta_i}|}{\omega_{i,max}(\theta_i)} \right) \geqq D_{max} \quad ; \tag{30}$$

2. das Minimum der Zielfunktion erreicht, d.h. die notwendigen und hinreichenden Bedingungen für ein Minimum erfüllt sind (vgl. Ab. 3.4);

3. ab einem Iterationsschritt k keine weiteren Randbegrenzungen erreicht werden und die Norm der Veränderung des Optimierungsvektors eine vorgegebene Genauigkeitsschranke ε unterschreitet

$$|d\underline{\theta}^{k+1} - d\underline{\theta}^{k}| \leqq \varepsilon \quad .$$

Für die Vorgabe von ε sind die Art der Meßgeber und die Positioniergenauigkeit maßgebend;

4. eine vorgegebene Maximalzahl an Iterationsschritten erreicht wird.

4.4 Rekursionsvorschrift

Die in Kapitel 3.4 angegebene Rekursionsvorschrift wird auf einen redundanten Manipulator angewandt.

<u>1. Schritt: Start der Optimierung</u>

Die Berechnung des Startvektors, der Zielfunktion und der Restriktionen sind Voraussetzung für den Optimierungsstart:

Startvektor:

$$d\underline{\theta}_0 = \underline{W} \cdot (\underline{J} \cdot \underline{W})^{+} \cdot d\underline{x} \quad , \tag{1}$$

$\underline{W}$: Gewichtungsmatrix ,

(eventuell iterative Berechnung nach Abschnitt 4.3).

Restriktionen:

$$\underline{J} \cdot d\underline{\theta} = d\underline{x} \qquad \text{(nach Gleichung (17))}, \qquad (11a)$$

$$(-\underline{E}_n, \underline{E}_n)^T \cdot d\underline{\theta} \leq (-d\underline{\theta}_{min}, d\underline{\theta}_{max})^T \qquad \text{(nach Gleichung (22))}, \qquad (11b)$$

$$d\underline{\theta}_{min}, d\underline{\theta}_{max} \quad : \text{Vektor der minimalen und maximalen,}$$
$$\text{Gelenkwinkeländerung,}$$
$$d\underline{x} \qquad : \text{Wegänderung des TCP,}$$
$$\underline{J} \qquad : \text{Jacobimatrix.}$$

Zielfunktion:

$$Q(d\underline{\theta}) = \underline{p}^T \cdot d\underline{\theta} + d\underline{\theta}^T \cdot \underline{C} \cdot d\underline{\theta} \qquad (111)$$

mit $\underline{p}$ und $\underline{C}$ nach Anhang E.

<u>2. Schritt: Berechnung des projizierten Gradienten im k-ten Schritt</u>

Gradient: $\qquad \underline{g}(d\underline{\theta}^k) = \underline{p}^T + 2 \cdot \underline{C} \cdot d\underline{\theta}^k$

projizierter Gradient: $\qquad \underline{g}^k_{proj} = \underline{P}^{(w)} \cdot \underline{g}(d\underline{\theta}^k)$

Matrix der q aktiven Restriktionen nach (11a) und (11b):

$$\underline{M} = (\underline{J}^T, \underline{A}_q^T)^T$$

Gewichtung der Matrix $\underline{M}$: $\qquad \underline{M}_w = \underline{M} \cdot \underline{W}$

Projektionsmatrix: $\qquad \underline{P}^{(w)} = \underline{W} \cdot (\underline{E} - \underline{M}_w^+ \cdot \underline{M}_w) \cdot \underline{W}$

<u>3. Schritt: Berechnung der maximalen Schrittweite γ</u>

Beim Gradientenverfahren errechnet sich der Optimierungsvektor $d\underline{\theta}^{k+1}$ nach Gleichung (7) in Abschnitt 3.3.1:

$$d\underline{\theta}^{k+1} = d\underline{\theta}^k - \gamma \cdot \underline{g}^k_{proj} \qquad . \qquad\qquad (IV)$$

Durch Einsetzen der Gleichung (IV) in Gleichung (IIb) ergibt sich für jede Restriktion $\underline{a}_j$ aus $\underline{A} = (\underline{a}_1, \underline{a}_2, \ldots, \underline{a}_l)^T$

$$\gamma_{j,max} \leq (b_j - \underline{a}_j \cdot d\underline{\theta}^k) / c_j \quad , \quad \text{falls} \quad c_j < 0 ,$$

$$\gamma_{j,min} \geq (b_j - \underline{a}_j \cdot d\underline{\theta}^k) / c_j \quad , \quad \text{falls} \quad c_j > 0 , \quad j = 1 \ldots l$$

mit Vektor $\qquad\qquad \underline{c} = -\underline{A} \cdot \underline{g}^k_{proj}$

und $\qquad\qquad$ l = Anzahl der nicht aktiven Restriktionen.

Aus den für jede Restriktion berechneten Minimal- oder Maximalwerten können die Grenzwerte der Schrittweite γ errechnet werden durch

$$\gamma_{min} = max\{\gamma_{j,min}\} \quad , \quad \gamma_{max} = min\{\gamma_{j,max}\} \qquad j = 1 \ldots l \quad .$$

<u>4. Schritt: Berechnung der optimalen Schrittweite</u>

Für die Schrittweite gilt die Begrenzung

$$\gamma_{min} \leq \gamma \leq \gamma_{max} \qquad .$$

Durch Einsetzen von (IV) in (III) erhält man die Zielfunktion in Abhängigkeit von der Variablen γ:

$$Q(\gamma) = Q(d\underline{\theta}^{k+1}) = Q(d\underline{\theta}^k - \gamma \cdot \underline{g}^k_{proj}) \qquad .$$

Die Ableitung von Q nach der Schrittweite γ führt auf die Gleichung des Gradienten $g(\gamma)$.

Da bei der Berechnung der Zielfunktionen keine Einschränkungen bezüglich der Matrix $\underline{C}$ gefordert wurden, können für die Funktion $Q(y)$ sowohl konkave oder konvexe Parabeln als auch Geraden vorliegen. Der optimale Wert für y kann

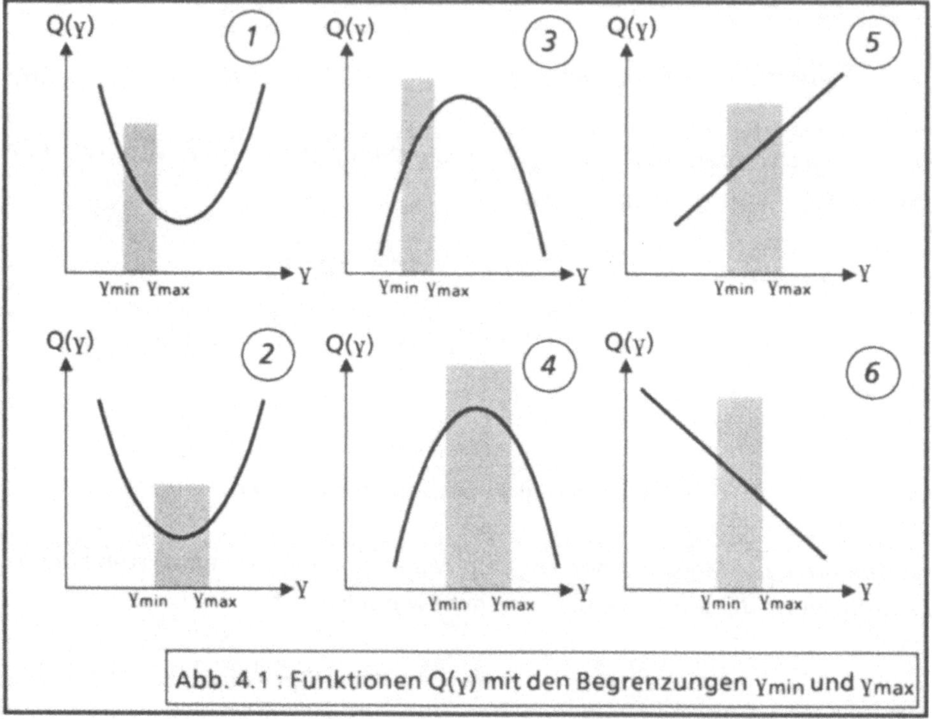

Abb. 4.1 : Funktionen $Q(y)$ mit den Begrenzungen y_{min} und y_{max}

anhand der Graphiken 1 bis 6 (Abb. 4.1), die alle auftretenden, prinzipiell verschiedenen Situationen zeigen, leicht abgelesen werden. Betrachtet man zum Beispiel den ersten Fall, so ist der Wert für Q eindeutig für den Randwert y_{max} minimal, im zweiten Fall liegt das Minimum zwischen den Grenzwerten und im dritten nimmt Q an der Stelle y_{min} den kleinsten Wert an.

Mit Hilfe der Gradientenwerte $g(y_{min})$ und $g(y_{max})$ kann erkannt werden, ob das Minimum zwischen den Randwerten liegt, oder ob der kleinste Funktionswert an der Stelle einer Randbegrenzung zu suchen ist. Falls

$$g(y_{max}) \cdot g(y_{min}) \geq 0$$

liegt ein Randminimum vor (vgl. Fall 1, 3, 5 und 6). Welcher Randwert zu einem kleineren Funktionswert führt, kann durch eine Berechnung von $Q(\gamma_{min})$ und $Q(\gamma_{max})$ ermittelt werden. Gilt für das Produkt der Gradienten

$$g(\gamma_{max}) \cdot g(\gamma_{min}) < 0$$

so liegt ein Minimum oder ein Maximum zwischen den Randwerten. Durch Nullsetzen des Gradienten $g(\gamma)$ kann der Extremalwert ermittelt werden. Liegt ein Minimum wie in Fall 2 vor, was anhand des Funktionswertes oder durch die zweite Ableitung der Funktion festgestellt werden kann, so ist γ_{opt} bekannt. Liegt entsprechend dem 4. Fall ein Maximum vor, so wird derjenige Randwert gewählt, dessen Gradient dasselbe Vorzeichen wie der Gradient $g(0)$ hat. Dadurch wird ein Überfahren eines Maximums, das einer "verbotenen" Gelenkstellung entspricht, vermieden.

5. Schritt: Berechnung des Optimierungsvektors

Der Optimierungsvektor wird nun nach Gleichung (IV) durch

$$d\underline{\theta}^{k+1} = d\underline{\theta}^{k} - \gamma_{opt} \cdot \underline{g}^{k}_{proj}$$

berechnet.

6. Schritt: Überprüfung der Abbruchkriterien

Falls eines der Abbruchkriterien aus Abschnitt 4.3 erfüllt ist, wird die Optimierung beendet, ansonsten werden die Punkte 2 bis 6 wiederholt.

5 Anwendung der Optimierung am EMJR

Das in den Kapiteln 2 bis 4 vorgestellte Verfahren zur Steuerung der Konfiguration durch Optimierung ist allgemein auf redundante Manipulatoren anwendbar. Unter der Bezeichnung redundante oder überbestimmte Manipulatoren sind alle Manipulatoren zu verstehen, die über mehr Freiheitsgrade verfügen als für Positionierung und Orientierung des TCP im Raum notwendig sind. Der Manipulator EMJR ist folglich überbestimmt, da er über mehr als drei Freiheitsgrade zur Positionierung verfügt.

In diesem Kapitel werden für den in der Einleitung vorgestellten Manipulator EMJR und EMJR-ähnliche Kinematiken Zielfunktionen hergeleitet. EMJR-ähnliche Kinematiken verfügen über eine beliebige Anzahl rotatorischer Gelenke mit parallelen Drehachsen. Die folgenden Betrachtungen können also auf ein Problem in der Ebene beschränkt werden. Anhand von Simulationen wird die Wirkungsweise dieser Zielfunktionen bei Anwendung demonstriert.

5.1 Optimierungsvektor und Restriktionen

Am EMJR wurden als Basis für die Beschreibung der Gelenkstellung zwei Winkelzählweisen definiert. Dadurch ist zum einen eine Beschreibung der Stellung eines Manipulatorglieds absolut im Raum möglich, zum anderen kann die Stellung eines Gelenks relativ zum davorliegenden Glied beschrieben werden (vgl. Anhang B). Für den Optimierungsvektor wurde die relative Winkeldefinition gewählt, da die wichtigsten Restriktionen in dieser Form vorliegen. Die Anschläge eines Gelenks sind relativ zum davorliegenden Glied angegeben. Die maximale Zylindergeschwindigkeit der Hydraulikkolben führt ebenfalls auf eine Angabe in relativen Winkeln (vgl. Anhang C). Der Vektor der relativen Gelenkwinkeländerung $d\underline{\alpha}$ ist also als Optimierungsvektor am besten geeignet.

Soll für ein Gelenk ein absoluter Winkel als Restriktion vorgegeben werden, so kann dies in der Matrix der Restriktionen durch den entsprechenden Zeilenvektor der Transformationsmatrix $\underline{T}_{ra}$ berücksichtigt werden. Diese Matrix dient zur Umrechnung von relativen Winkeländerungen in absolute und wird in Anhang B hergeleitet. Eine Begrenzung des absoluten Winkels ist beispielsweise für das dritte Gelenk sinnvoll, da dieses Gelenk in einer senkrechten Stellung von 90°

aufgrund des Gewichts der nachfolgenden Glieder zur Instabilität neigt. Durch die Ungleichung

$$\beta_3 = 90° - \alpha_1 - \alpha_2 - \alpha_3 \leq 70° \quad ,$$

$$\beta_3 : \text{absoluter Winkel des 3.Gelenks,}$$
$$\alpha_i : \text{relative Winkel}$$

kann das Erreichen einer kritischen Grenze bei 70° festgestellt werden. Ist die kritische Grenze erreicht, so wird für die Winkeländerungen

$$- d\alpha_1 - d\alpha_2 - d\alpha_3 = 0° \quad \text{bzw.} \quad (0, -1, -1, -1, 0, 0) \cdot d\underline{\alpha} = 0°$$

gefordert. Dies ist eine lineare Begrenzung, die durch eine Erweiterung der Matrix der Restriktionen um den Vektor $a_k = (0, -1, -1, -1, 0, 0)$ in der Optimierung berücksichtigt werden kann. Es besteht also die Möglichkeit, jede beliebige lineare Gleichung relativer oder absoluter Gelenkwinkel bzw. Gelenkwinkeländerungen als Begrenzung des Optimierungsvektors zu wählen. Die Flexibilität bei der Veränderung der Restriktionen ist hier also sehr hoch.

Die Berechnung der Leistung erfolgt nach Gleichung (27) in Abschnitt 4.2. Der als konstant vorausgesetzte Hydraulikdruck p beträgt beim EMJR 320 bar und der maximale Öldurchfluß $D_{max} = 100 l/min$. Um eines der Gelenke mit maximaler Geschwindigkeit bewegen zu können, ist ein Öldurchfluß von $D_{i,max} = 60$ l/min notwendig. Dies ist eine starke Einschränkung, da nur ausreichende Leistung zur Verfügung steht, um ein Gelenk mit maximaler Geschwindigkeit zu bewegen. Entsprechend ist auch die Leistung das am häufigsten auftretende Abbruchkriterium (vgl. Abschnitt 4.3).

5.2 Basiskonfiguration

5.2.1 Zielsetzung

Die Transformation auf gleiche relative Gelenkwinkel wurde als erste
Konfiguration am EMJR eingesetzt. Ziel dieser inversen Transformation ist eine
eindeutige Zuordnung von EMJR-Gelenkwinkeln zur Position des TCP. Durch die
Bedingung "gleiche relative Winkel für die Gelenke 2 bis 5" wird eine
Kreissehnenstellung (vgl. Abb. 1.1) erzielt. Aufgrund der optisch kreisförmigen
Anordnung der EMJR-Glieder wird diese Gelenkstellung meist vereinfacht als
Kreisbogenstellung bezeichnet. Nur in dieser Konfiguration kann das System die
volle Last von 1,4 t tragen. Zur Lösung der aus dieser Bedingung entstehenden
nichtlinearen Gleichung wurde ein iterativer Algorithmus entwickelt.

Die umkehrbar eindeutige Zuordnung von TCP-Position zu Gelenkwinkeln, die
durch diese oder ähnliche inverse Transformationen erzielt wird, hat den Vorteil,
daß durch die Vorgabe der TCP-Bahn die Gelenktrajektorien festgelegt sind, d.h
bei Wiederholung einer Bahn werden auch die Gelenkkonfigurationen
wiederholt. Bei Methoden der inversen Transformation hingegen, die nur auf der
aktuellen Gelenkstellung und der geforderten Bewegung der Manipulatorspitze
basieren (wie z.B. die Pseudoinverse der Jacobimatrix), werden bei jeder
Bahnwiederholung andere Stellungen eingenommen, falls nicht eine exakt
gleiche Startstellung gewählt wird. Um dennoch eine Kontrolle über die
Konfiguration zu erhalten, muß von Zeit zu Zeit rekonfiguriert werden. Dies
erübrigt sich bei der Transformation auf Kreisbogen.

Die optische Überwachung bei einer umkehrbar eindeutigen Transformation
durch den Operateur wird zudem wesentlich vereinfacht. Bei sich
wiederholenden Vorgängen kann er sich auf eine exakt gleiche Verhaltensweise
des Manipulators verlassen. Bei allen anderen Bewegungen kann er zumindest
aufgrund der festgelegten Konfiguration abschätzen, wie sich die Gelenke
bewegen werden. Fehler, die sich beispielsweise durch den Defekt eines
Winkelaufnehmers ergeben, können sehr schnell durch eine Abweichung von der
gewohnten Konfiguration erkannt werden. Da zu jeder Position der
Manipulatorspitze nur eine einzige Konfiguration erlaubt ist, kann mit Hilfe
relativ weniger Tests ein Großteil der möglichen Stellungen innerhalb des
Bewegungsbereichs überprüft werden. Dadurch wird ein Auftreten neuer
Situationen nahezu ausgeschlossen. Die Sicherheit und Zuverlässigkeit während
des Betriebs ist deshalb sehr hoch.

Durch die Umsetzung der Schubbewegung der Zylinder in eine Drehbewegung der Gelenke ergeben sich stellungsabhängige Übersetzungsverhältnisse, die zu einer starken Variation der Winkelgeschwindigkeit der Gelenke führen (vgl. Anhang C). Bei der festen Zuordnung von Bahntrajektorie zu Gelenktrajektorie wird die Geschwindigkeit des TCP immer durch das langsamste Gelenk festgelegt. Eine Nutzung der Redundanz zum "Ausweichen" auf schnellere Gelenke, wie dies bei der inversen Transformation durch die Pseudoinverse der Jacobimatrix gegeben ist, kann hier nicht ermöglicht werden. Auch eine Vermeidung von Kollisionen mit Hindernissen durch ein Ausweichen der Gelenke oder eine flexible Anpassung der Konfiguration an aktuelle Arbeitsbedingungen (z.B. Arbeiten mit Gelenk 5 waagrecht oder senkrecht) ist in diesem Fall nicht möglich.

Durch die Optimierung besteht die Möglichkeit die Vorteile beider Transformationen miteinander zu verbinden. Hierfür wird die Kreisbogen-stellung als Ziel der Optimierung formuliert. Ein Abfallen der TCP-Geschwindig-keit durch ein langsames Gelenk kann in kritischen Stellungen durch ein Ausweichen auf schnellere Gelenke vermieden werden. Befindet sich der Gelenkwinkel wieder in einem günstigeren Bereich, so kann die Abweichung vom Kreisbogen wieder korrigiert werden. Solange keine weiteren Ziele der Optimierung vereinbart sind, wird, von geringfügigen Abweichungen abgesehen, die günstige Kreissehnenstellung beibehalten und somit werden alle Vorteile dieser Konfiguration genutzt. Während jedoch bei der festen Transformation auf Kreisbogen eine korrekte Kreissehnenstellung im Startpunkt der Bewegung gefordert werden muß, kann hier in beliebiger Stellung der Gelenke gestartet werden. Durch die Optimierung wird während der Bewegung des TCP's eine Umkonfigurierung in die geforderte Stellung vorgenommen. Eine Rekonfigurierung ist also ebenfalls überflüssig.

Bisher wurde nur auf eine Vorgabe der Kreissehnenstellung als Zielfunktion eingegangen. Grundsätzlich können jedoch beliebige relative und absolute Winkelwerte für die einzelnen Gelenke vorgegeben werden. Dies eröffnet ein breites Band an verschiedenen Festlegungen von TCP-Position zu Gelenkstellung. In den folgenden Kapiteln werden verschiedene Beispiele zu eindeutig festgelegten Konfigurationen vorgestellt. Da unabhängig, ob nun der Kreisbogen oder eine andere Stellung bevorzugt wird, aus den oben genannten Gründen der Sicherheit und Zuverlässigkeit eine feste Konfiguration als Basis der

Optimierung vorliegen sollte, werden die festgelegten Konfigurationen im weiteren als Basiskonfigurationen bezeichnet.

5.2.2 Berechnung der Zielfunktionen

In Abschnitt 4.1.1 wurde bereits die Zielfunktion für die Vorgabe von Winkelwerten als Sollwerte vorgestellt:

$$\min_{d\underline{\alpha}} \{ Q \equiv | d\underline{\alpha}_{soll} - d\underline{\alpha} |^2 \} \quad , \tag{31}$$

$$\text{mit} \qquad d\underline{\alpha}_{soll} = \underline{\alpha}_{soll} - \underline{\alpha}_{akt} \quad ,$$

$\underline{\alpha}_{soll}$: Vektor der Sollwinkel,

$\underline{\alpha}_{akt}$: Vektor der aktuellen Gelenkwinkel,

$d\underline{\alpha}$: Vektor der Winkeländerungen.

Da die Winkeländerungen $d\underline{\alpha}$ auf die relative Winkelzählweise angewandt werden, kann bei Vorgabe relativer Winkel die obige Zielfunktion in dieser Form verwendet werden. Treten absolute Winkel als Vorgabewerte auf, wie durch die Forderung "Gelenk 5 waagrecht", so muß in der Zielfunktion

$$\min_{d\underline{\alpha}} \{ Q \equiv | d\underline{\beta}_{soll} - d\underline{\beta} |^2 \} \quad , \tag{32}$$

$$\text{mit} \qquad d\underline{\beta}_{soll} = \underline{\beta}_{soll} - \underline{\beta}_{akt} \quad ,$$

$\underline{\beta}_{soll}$: Sollwinkel in absoluter Winkelzählweise,

$\underline{\beta}_{akt}$: aktuelle Gelenkwinkel in absoluter Winkelzählweise,

$d\underline{\beta}$: Winkeländerungen in absoluter Winkelzählweise,

der Vektor der Winkeländerung durch

$$d\underline{\beta} = \underline{T}_{ra} \cdot d\underline{\alpha}$$

ersetzt werden. Die Matrix $\underline{T}_{ra}$ entspricht der im Anhang B beschriebenen Transformationsmatrix für die Umrechnung von relativen Winkeländerungen in absolute. Durch Einsetzen in die Zielfunktion ergibt sich wieder eine Funktion, die von Winkeländerungen in relativer Winkelzählweise abhängt.

5.2.3 Berechnung der gewünschten Konfiguration

Der Operateur soll, wie bereits im Abschnitt 5.2.1 erwähnt, die Möglichkeit erhalten, eine Basiskonfiguration zu definieren durch Vorgabe

1. relativer Winkel,

2. absoluter Winkel,

3. von Verhältnissen, die die redundanten Gelenkwinkel zueinander einhalten sollen.

Die Berechnung einer Zielfunktion erfordert zunächst eine Berechnung der "Sollkonfiguration" zu einer gegebenen TCP-Position. Die aktuelle Konfiguration der Gelenke wird durch die Optimierung, unter Beachtung aller Restriktionen, so modifiziert, daß sie der Sollkonfiguration möglichst entspricht.

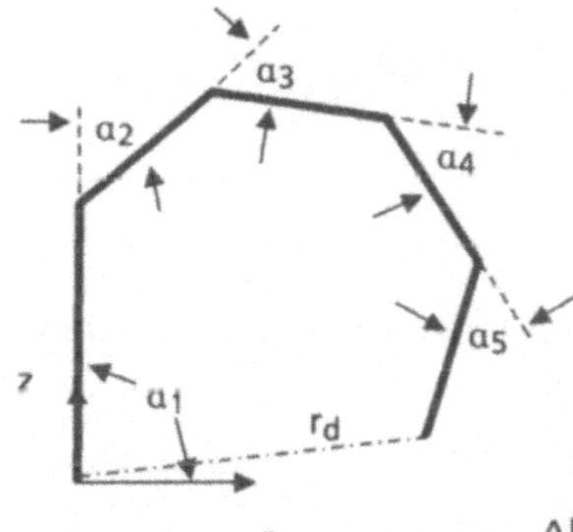

Abb.5.1: Ermittlung der Sollkonfiguration

Für die Berechnung der gewünschten Konfiguration anhand der obigen Forderungen wird die Position der Manipulatorspitze in Kugelkoordinaten (r_d, α_1, α_0) ausgedrückt. Dabei ist α_0 der Winkelwert des Turmdrehgelenks, α_1 der Winkelwert des 1. Gelenks und r_d die Distanz der Manipulatorspitze zur Roboterbasis. Für die Berechnung der Distanz r_d sind die Winkel α_2 ... α_5 maßgeblich. Es gilt also

$$r_d = f(\alpha_2, ..., \alpha_5) \quad . \tag{33}$$

Um eine eindeutig umkehrbare Funktion zur Berechnung der Positon des TCP aus den Gelenkwinkeln zu erhalten, müssen die Gelenkwinkel α_i so gewählt werden, daß r_d Funktion nur einer Variablen wird.

Mit einer Variablen ξ und

$$\alpha_i = f_i(\xi) \qquad \text{erhält man} \qquad r_d = f(\xi) \quad .$$

Da

$$r_d = \sqrt{(r^2 + z^2)}$$

und

$$r = G_1 + G_2 \cdot \cos(\alpha_2) + \ldots + G_5 \cdot \cos(\alpha_2 + \alpha_3 + \alpha_4 + \alpha_5) \quad ,$$

$$z = \qquad G_2 \cdot \sin(\alpha_2) + \ldots + G_5 \cdot \sin(\alpha_2 + \alpha_3 + \alpha_4 + \alpha_5) \quad ,$$

$$G_i : \text{Länge der EMJR-Glieder} \; ,$$
$$\alpha_i \; : \text{Gelenkwinkel}$$

ist eine Berechnung der Umkehrfunktion

$$\xi = f^{-1}(r_d) \tag{34}$$

in einfacher Weise nicht möglich. Durch die Vorwärtstransformation $r_d = f(\xi)$ erstellt man eine Tabelle (vgl. Anhang D), die zu verschiedenen Werten ξ die zugehörigen Werte r_d enthält. Ein Näherungswert für $\xi = f^{-1}(r_d)$ kann mit Hilfe der Tabelle und lineare Interpolation zwischen den Stützpunkten gefunden werden.

Da Ungenauigkeiten bei der Berechnung der Winkelwerte α_i nicht wie bei der inversen Transformation zu einer Abweichung der TCP-Position vom Sollwert, sondern nur zu geringfügigen Abweichungen der Gelenkwinkel von den Vorgabewerten führen, kann dieser sehr einfache Weg zur Ermittlung der Basiskonfiguration gewählt werden. Auf eine genauere Berechnung der α_i durch Iteration kann verzichtet werden.

5.2.4 Wahl der Funktionen der redundanten Gelenke

Nun ist noch die Vorgabe der Funktionen $\alpha_i = f_i(\xi)$ zu diskutieren. Würde nur eine vorgebbare Abhängigkeit der Winkel $\alpha_2 \ldots \alpha_5$ voneinander gefordert, so würde man mit der Funktion $\alpha_i = c_i \cdot \xi$ auskommen. Die Forderung "Kreisbogen" wäre hier durch eine Vorgabe $c_2 = c_3 = c_4 = c_5 = 1$, die Forderung "z-Faltung" durch $c_2 = c_4 = 1$ und $c_3 = c_5 = -1$ (vergl Abb. 5.2.1 a und b) zu erreichen. Die zusätzliche Vorgabe fester relativer Winkel γ_i führt auf eine Erweiterung zur Funktion:

$$\alpha_i(\xi) = c_i \cdot \xi + \gamma_i \qquad , i = 2, \dots, 5 \qquad . \tag{35}$$

Soll für ein Gelenk i ein Winkel γ_i fest vorgegeben werden, muß c_i Null sein. Für ein Gelenk i kann mit (35) entweder ein fester relativer Winkelwert γ_i vorgegeben werden oder eine Beziehung $c_i \cdot \xi$. In Abb. 5.3 sind die Konfigurationen für $c_2 = c_3 = c_4$ und einem relativen Winkel des 5. Gelenks von 20° in Abb.5.3 c und 90° in Abb.5.3 d dargestellt.

Sehr viel häufiger besteht der Wunsch einen festen absoluten Winkel vorzugeben. Die Forderung, das Glied 5 waagrecht oder senkrecht zu halten, ist hier mit Sicherheit die häufigste Anwendung. Anhand des Beispiels "Glied 3 waagrecht" soll die prinzipielle Vorgehensweise erläutert werden.

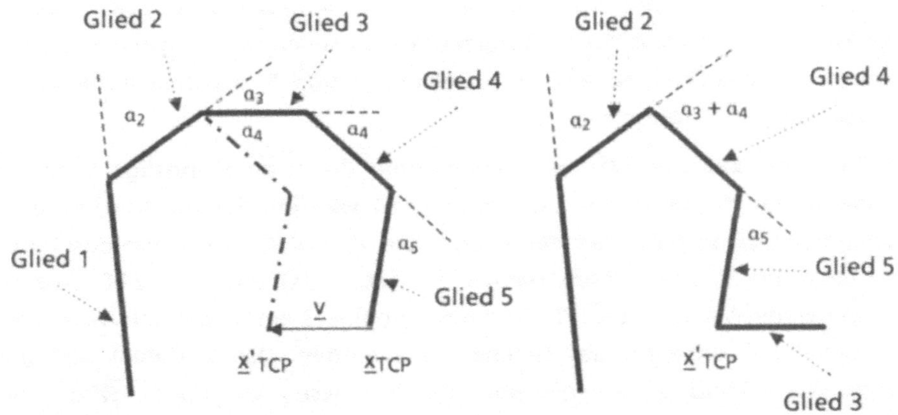

a) gewünschte Konfiguration   b) geänderte Reihenfolge der Glieder

Abb. 5.2: Konfiguration bei waagrechtem Manipulatorglied

Der Vektor $\underline{v}$ in Abb. 5.2 a entspricht in Orientierung und Betrag dem 3. Glied. Da ein fester absoluter Winkel für das 3. Gelenk vorgegeben ist, muß $\underline{v}$, unabhängig von der TCP-Position $\underline{x}_{TCP}$, konstant sein. Durch eine Änderung der Anordnung der Manipulatorglieder erhält man Abb. 5.2 b. Das Glied 3 ist nun am Ende der Kette. Da der Vektor $\underline{v}$ konstant ist, kann für die Berechnung der Stützpunkttabelle ein System mit 4 Gliedern 1, 2, 4 und 5 und einer TCP-Position $\underline{x}'_{TCP}$ zugrunde gelegt werden. Für die relativen Winkel zwischen diesen Gliedern wird im Beispiel die bekannte Forderung "gleiche relative Winkel" gestellt. Es gilt:

$$r_d = f(\alpha_2(\xi), \alpha_3(\xi) + \alpha_4(\xi), \alpha_5(\xi)) \qquad . \qquad (36)$$

Bei der Ermittlung der Variablen ξ durch die Tabelle wird von der tatsächlichen TCP-Position eine Verschiebung um den Vektor $\underline{v}$ in eine Position x'_{TCP} vorgenommen. Für die Suche in der Tabelle ist dann die Distanz von $\underline{x}'_{TCP}$ zur Roboterbasis maßgeblich. Zwei Beispiele hierzu sind die Konfigurationen Kreisbogen und z-Faltung mit einem waagrechtem letzten Manipulatorglied (vgl. Abb. 5.3 e und f).

5.2.5 Entfalten des EMJR mit Hilfe der Basiskonfigurationen

Zu den häufigsten Bewegungen des EMJR's gehört das Entfalten aus der Transportstellung (Abb. 5.4 a) und das Zusammenfalten nach Beendigung der Arbeiten. Der Hersteller schreibt hier eine feste Reihenfolge für das Öffnen des Armpakets vor. Für den Vorgang "Entfalten" muß zunächst das Gelenk 1 angehoben werden (Abb. 5.4 b). Dann müssen die Gelenkwinkel 2 und 4 geöffnet werden, um anschließend auch die Gelenke 3 und 5 aus dem Ruhezustand herausbewegen zu können.

Das Entfalten soll mit Hilfe der Optimierung durch eine günstige Wahl der Parameter der Basiskonfiguration vereinfacht werden. Für die Konfiguration muß eine z-Faltung gefordert werden, d.h. die Multiplikatoren c_i werden für die Gelenke 3 und 5 negativ. Man wählt $c_3 = -1$, $c_2 = 0.9$ und $c_4 = 0.88$. Dadurch wird bei einem Winkel von 170 Grad des Gelenkes 3 ein negativer Winkelwert von etwa -150 Grad für das Gelenk 2 erzwungen. Das 5. Gelenk soll eine waagrechte Stellung einnehmen. Durch diese Vorgaben wird eine Basiskonfiguration definiert, die bei einer vorgegebenen Bewegung des TCP die Entfalteforderungen erfüllt. Der TCP wird nun entlang einer Bahn geführt, die ein geordnetes Öffnen des Armpakets erlaubt (vgl. Abb. 5.4 c).

Aus der geöffneten Stellung kann in jede beliebige Anfangsstellung durch Änderung der Basiskonfiguration und Verfahren des TCP in eine andere Position oder durch automatisches Rekonfigurieren übergegangen werden. Unter automatischem Rekonfigurieren ist hier eine Suche des Optimums zu verstehen. Das heißt, die Konfiguration wird so lange durch die Optimierung modifiziert, bis das Optimum der Zielfunktion erreicht ist. Dabei wird die Manipulatorspitze nicht bewegt. Als Beispiel wird in Abbildung 5.4 d der Übergang in Kreisbogenstellung (Abb. 5.4 e) gezeigt.

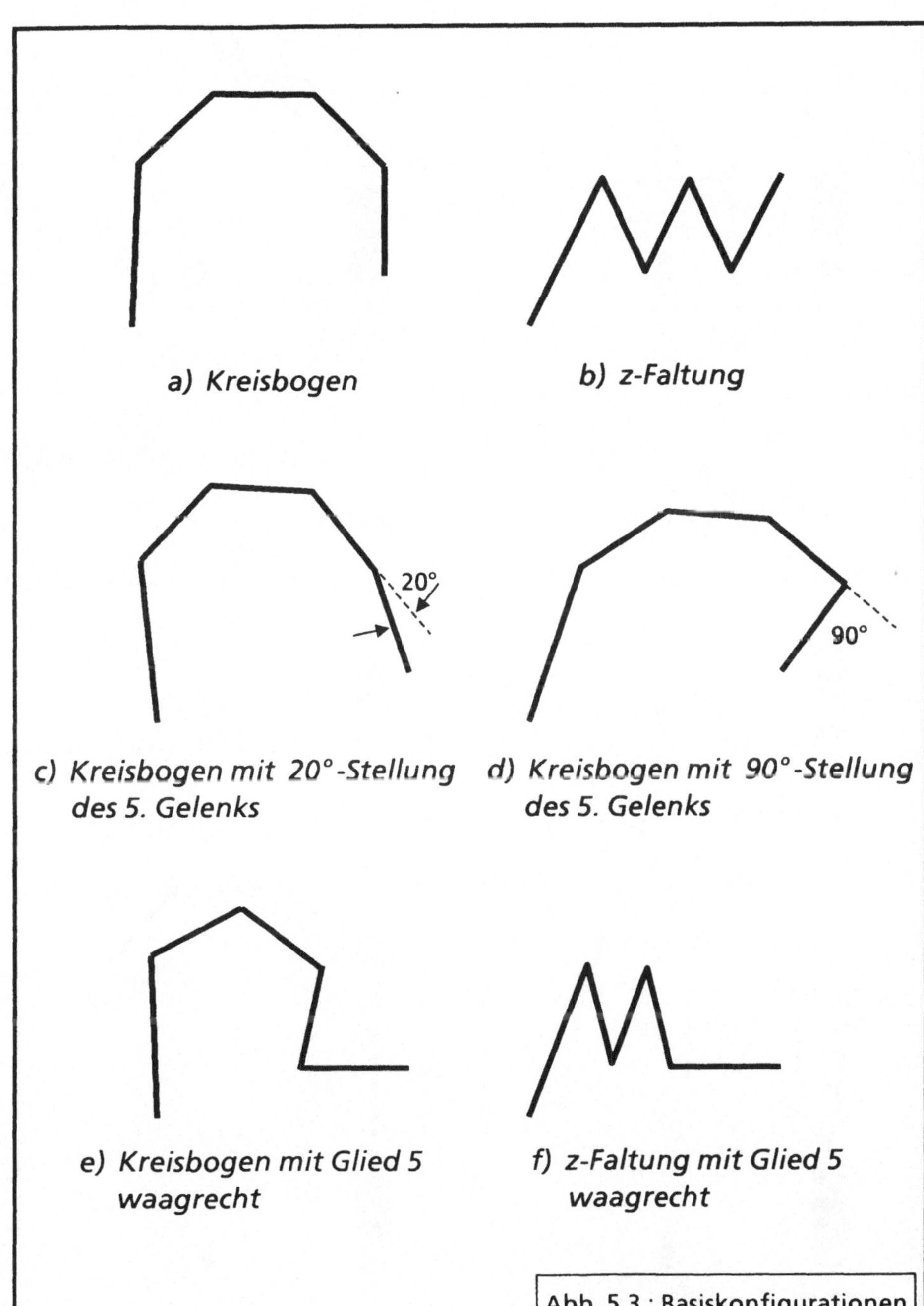

Abb. 5.3 : Basiskonfigurationen

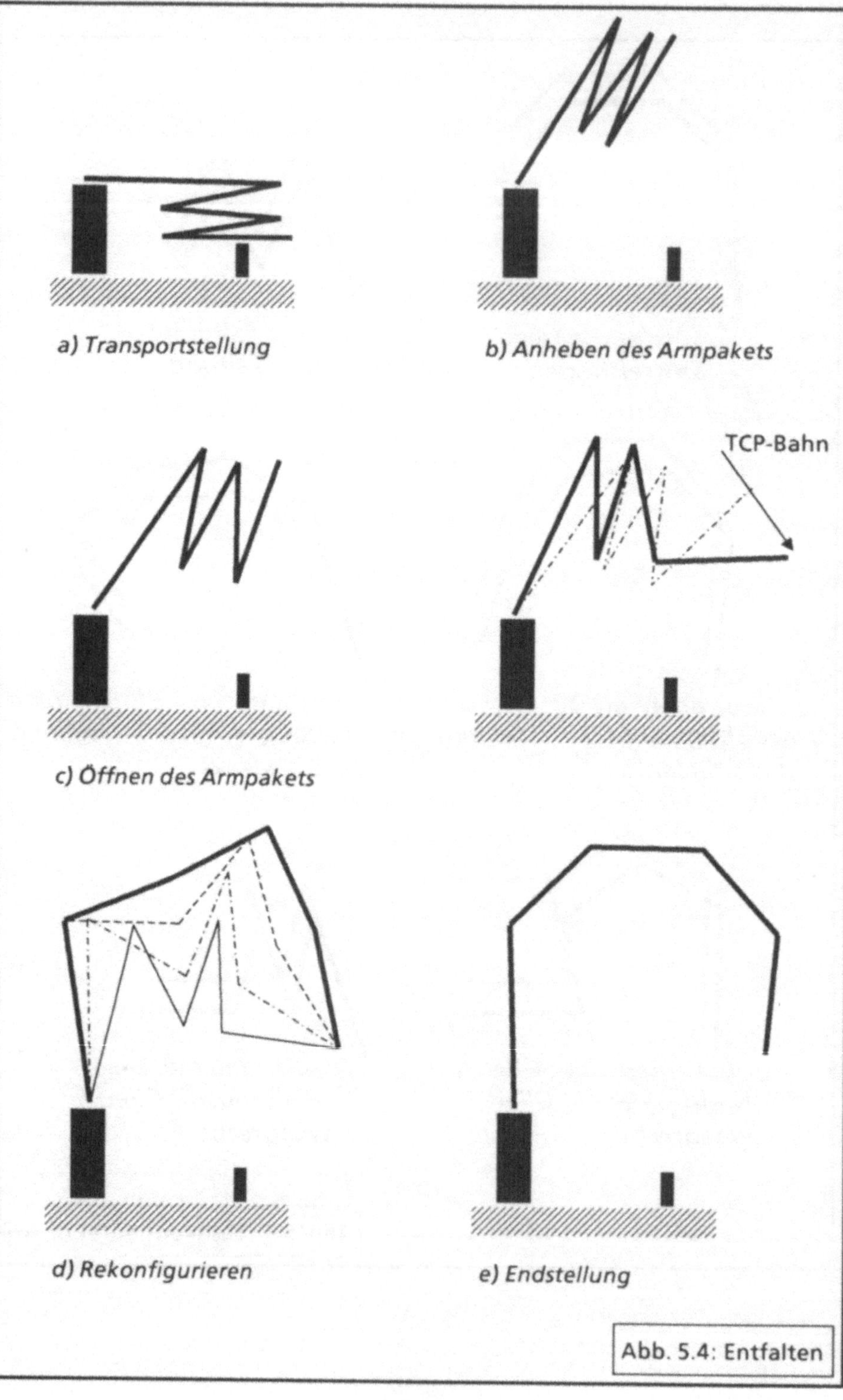
a) Transportstellung
b) Anheben des Armpakets
c) Öffnen des Armpakets
TCP-Bahn
d) Rekonfigurieren
e) Endstellung
Abb. 5.4: Entfalten

5.3 Hindernisvermeidung

5.3.1 Zielsetzung

In diesem Abschnitt wird eine einfache Strategie zur Vermeidung von Kollisionen der Manipulatorglieder mit Hindernissen der Umwelt dargestellt. Basis für die Hindernisvermeidung ist die Zielfunktion zum Minimieren und Maximieren von Distanzen aus Kapitel 4. Entgegen der Vorgehensweise von Klein [Klein-2], der die Ausweichbewegung der Glieder und die des TCP koppelt, wird hier ausschließlich ein Ausweichen der Glieder berechnet. Soll der TCP im Bereich von Hindernissen ebenfalls Ausweichbewegungen durchführen, ist eine gesonderte Berechnung notwendig. Dies entspricht auch der eingangs geforderten Entkopplung der Steuerung von TCP- und Gelenktrajektorie. Anhand eines einfachen Beispiels ist die Notwendigkeit hierfür leicht einzusehen.

Will man an einer Wand verschiedene Arbeiten durchführen (vgl. Anhang A), so erfordert dies ein Verfahren der Manipulatorspitze mit einem geringen Abstand zu dieser Wand. Sind die Hindernisvermeidung von Gelenken und TCP-Bahn gekoppelt, so wird bei eingeschalteter Kollisionsvermeidung die Manipulatorspitze der Wand ausweichen. Wird diese Wand deshalb bei der Kollisionsrechnung nicht berücksichtigt, besteht die Gefahr einer Kollision der Glieder mit der Wand. Diese Aufgabe kann also nur durch eine Entkopplung von Konfigurationssteuerung und Bahnsteuerung zufriedenstellend gelöst werden.

Ein weiteres, zunächst weniger offensichtliches Problem bei der Hindernisvermeidung, ist das Verlassen des Hindernisbereichs. Bei der Ausweichbewegung nehmen die Glieder des Manipulators oft eine für die Fortsetzung der TCP-Bewegung ungünstige Stellung zueinander ein. Der Operateur ist zwar beim Fahren in den Hindernisbereich entlastet, sobald der Hindernisbereich jedoch verlassen wird, ist ein mühevolles Rekonfigurieren notwendig. Die Konfigurationssteuerung muß also dahingehend arbeiten, daß bereits während des Verlassens des Hindernisbereichs automatisch rekonfiguriert wird.

5.3.2 Darstellung von Hindernissen

Die Hindernisse werden durch vier Eckpunkte P_1 bis P_4 eines Parallelepipeds beschrieben. Die Umwelt, in der sich der Manipulator EMJR befindet, wird aus solchen Parallelepipeden zusammengesetzt.

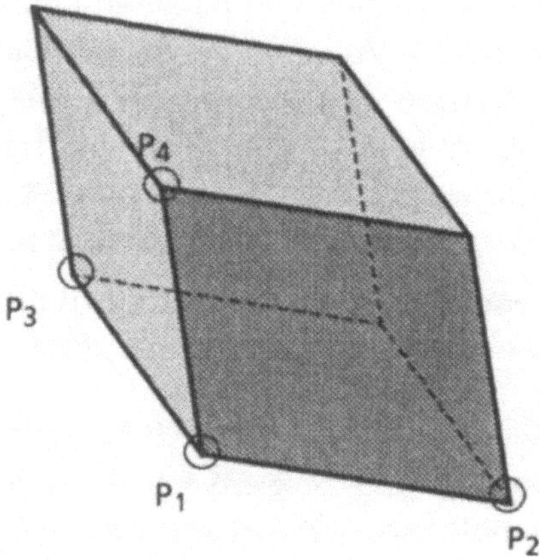

Abb. 5.5: Parallelepiped

Die Umwelt kann durch einfache Eingabe der Koordinaten der Punkte P_1 bis P_4, durch Konstruktion oder durch Vermessung mit Hilfe eines Theodoliten erstellt werden.

5.3.3 Berechnung der Ausweichbewegung

Bei der Hindernisvermeidung können die Situationen "Hindernis in der EMJR-Armebene" und "Hindernis in Richtung der Bewegung der Armebene" auftreten. Dies ist in der Draufsicht in Abb. 5.6 dargestellt.

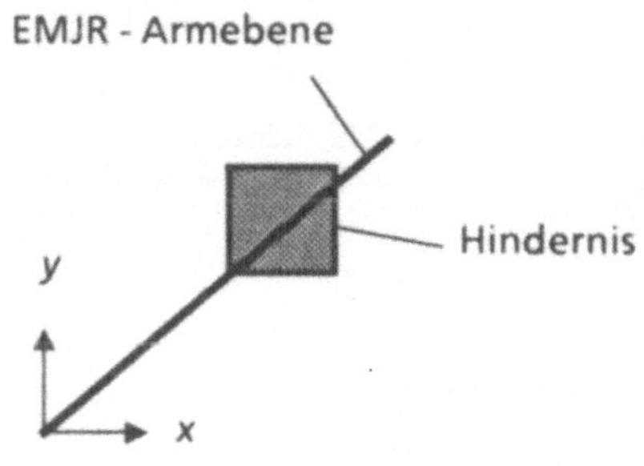

Fall a: Hindernis liegt in der
Ebene der EMJR-Glieder

Fall b: Hindernis liegt in Richtung
der Bewegung des EMJR

Abb .5.6: EMJR und Hindernis in der x/y - Ebene

Eine Ausweichbewegung der Gelenke ist nur in der EMJR - Armebene, d.h in der Ebene, die durch die fünf Manipulatorglieder aufgespannt wird, möglich. Alle Hindernisse, die sich im Bereich der Armebene befinden, können also durch eine zweidimensionale Hindernisvermeidung erfaßt werden (Fall a). Die gesamte Armebene kann durch Drehen des Turmdrehgelenks in Richtung eines Hindernisses bewegt werden (Fall b). Eine dreidimensionale Ausweichbewegung ist nicht möglich, da in der x/y - Ebene keine Redundanz vorliegt. Deshalb muß eine erforderliche Ausweichbewegung in der x/y-Ebene durch Ausweichen der Gelenke in der Armebene ersetzt werden. Dies erfordert zwei verschiedene Betrachtungsweisen bei der Berechnung der Ausweichbewegung.

Hindernisse in der Armebene

Befindet sich ein Hindernis in der Armebene, so kann durch Schneiden des Parallelepipeds mit der Ebene die Problematik *Hindernisvermeidung im Raum* in die wesentlich einfachere Aufgabe *Hindernisvermeidung im zweidimensionalen Raum* überführt werden. In der Abbildung unten ist eine mögliche Umwelt in der Ebene dargestellt (Es können ebensogut drei-, fünf- und sechseckige Polygone entstehen, je nach Lage und Form des Parallelepipeds).

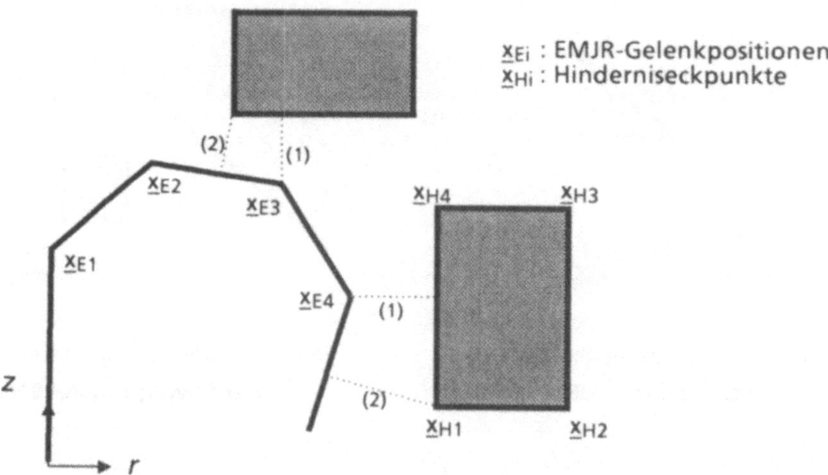

Abb. 5.7: EMJR und Hindernis in der r/z-Ebene

Um zu erkennen, wo die Gefahr einer Kollision besteht, werden zunächst die orthogonalen Distanzen (1) der Gelenkpositionen $\underline{x}_{E1}$ bis $\underline{x}_{E4}$ zu den Kanten des Hindernisses mit den Eckpunkten $\underline{x}_{Hi}$ und anschließend die Distanzen (2) der Hinderniseckpunkte $\underline{x}_{Hi}$ zu den Gliedern des Manipulators berechnet. Falls eine der berechneten Distanzen kleiner als ein definierter Toleranzwert ist, wird eine Ausweichbewegung notwendig. Als Zielfunktion der Optimierung bieten sich nach Kapitel 4 zwei verschiedene Strategien an:

1. Die Distanz zwischen den Punkten wird maximiert. Dies ist sehr einfach zu realisieren. Bei verschiedenen Experimenten hat sich gezeigt, daß dies bei Ausweichbewegungen zu einer einzelnen Position funktioniert. Bei einem Körper, der meist mehrere Kollisionspunkte aufweist, ergaben sich jedoch Probleme. Da für das Ausweichen keine Richtung vorgegeben wird, führt in

manchen Fällen gerade die Ausweichbewegung dazu, daß weitere Kollisionspunkte auftreten. Die Suche nach einer Lösung wird dann oft sehr langwierig und das Passieren eines Hindernisbereichs benötigt sehr viel Zeit.

2. Als Alternative zum Maximieren einer Distanz wurde in Abschnitt 4.1.2 das Minimieren von Distanzen vorgestellt. Dies erfordert zunächst eine Zielposition. Dann kann die Distanz der gefährdeten Position des Manipulators zur vorgegebenen Zielposition minimiert werden. Für die Berechnung der Zielposition bietet sich eine Position in Verlängerung zur berechneten Distanz an:

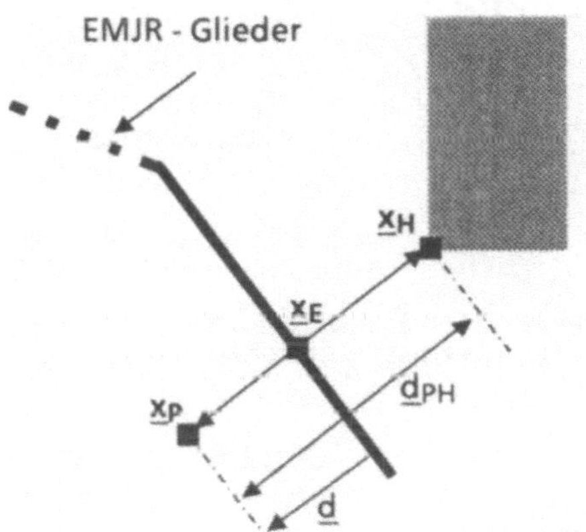

Abb. 5.8: Ermittlung einer Zielposition

Die Distanz zwischen Hindernis und Manipulatorglied soll einen Wert von d_{PH} annehmen. Deshalb wird die Zielposition $\underline{x}_P$ so gewählt, daß gilt

$$|\underline{x}_P - \underline{x}_H| = d_{PH} \quad .$$

Die durch Kollision gefährdete Position des Manipulatorgliedes $\underline{x}_E$ soll nun möglichst weit in Richtung $\underline{x}_P$ verschoben werden. Dies kann nach Gleichung (15) in Abschnitt 4.1.2 durch Minimieren der Zielfunktion

$$\min_{\underline{d}} \{ Q \equiv \underline{d} \cdot \underline{d}^T \} \qquad \text{mit} \qquad \underline{d} = \underline{x}_P - \underline{x}_E$$

erreicht werden.

<u>**Hindernisse im Raum**</u>

Um nicht mit dem Hindernis zu kollidieren, wenn die Armebene das Hindernis erreicht, muß die Ausweichbewegung zu diesem Zeitpunkt bereits beendet sein. Um auch hier eine Betrachtung in der EMJR-Armebene zu erhalten, werden die Hindernisse in jede Richtung um die geforderte Solldistanz vergrößert.

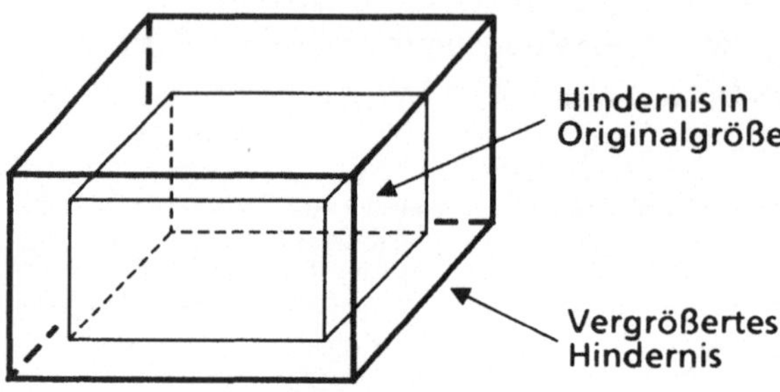

Abb. 5.9: virtuelles Hindernis

Dadurch erhält man beim Schnitt der Hindernisse mit der Armebene ein virtuelles Hindernis.

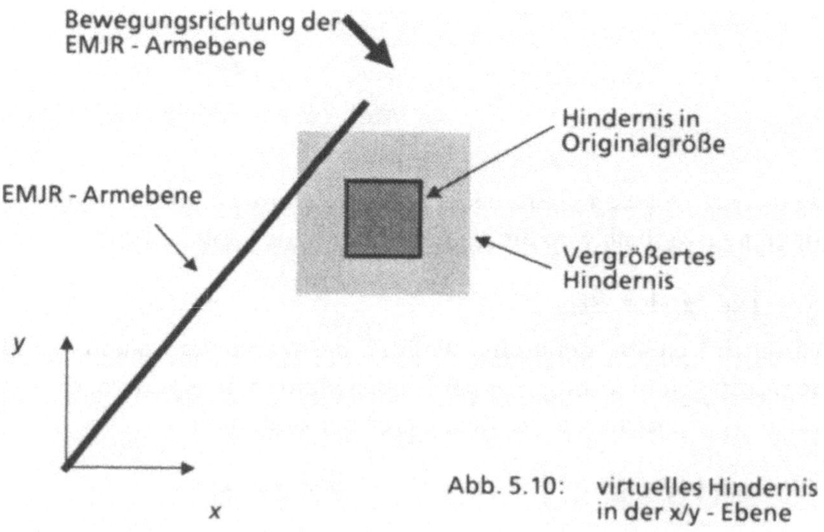

Abb. 5.10:   virtuelles Hindernis
in der x/y - Ebene

Falls eine Überschneidung des vergrößerten Hindernisses mit der Armebene vorliegt, kann eine zweidimensionale Ausweichbewegung in der Armebene berechnet werden.

Bei realen Hindernissen im Armbereich kann davon ausgegangen werden, daß sich im Bereich des Hindernisses keine Glieder des Manipulators befinden, da dies ja bereits eine Kollision zur Folge gehabt hätte. Im Bereich des virtuellen Hindernisses können sich jedoch Glieder des EMJR befinden. Für diese Glieder muß festgelegt werden, wie sich der EMJR am Hindernis vorbeibewegen soll. Verläuft die Bahn der Manipulatorspitze vor dem Hindernis, so ist ein Ausweichen der Gelenke in Richtung der Roboterbasis die sinnvollste Lösung, da alle anderen Möglichkeiten ein Umfassen des Hindernisses zur Folge hätten. In allen anderen Fällen (Manipulatorspitze oberhalb, unterhalb oder hinter dem Hindernis) wird die Richtung der Ausweichbewegung durch die Lage des Schwerpunktes des Polygons bestimmt, der durch Schnitt des Hindernisses mit der Armebene erhalten wurde.

Analog zur Vorgehensweise im letzten Abschnitt wird auch hier zunächst die Lage der Hinderniseckpunkte zu den Gliedern des EMJR's und anschließend die Lage der Hinderniskanten zu den Gelenken des Manipulators betrachtet. Die Ausweichrichtung wird jedoch vom Schwerpunkt weg in Richtung Hinderniseckpunkt oder -kante gewählt.

a) Berechnung der Schnittpunkte der EMJR-Glieder mit den Verbindungslinien Schwerpunkt - Hinderniseckpunkt:

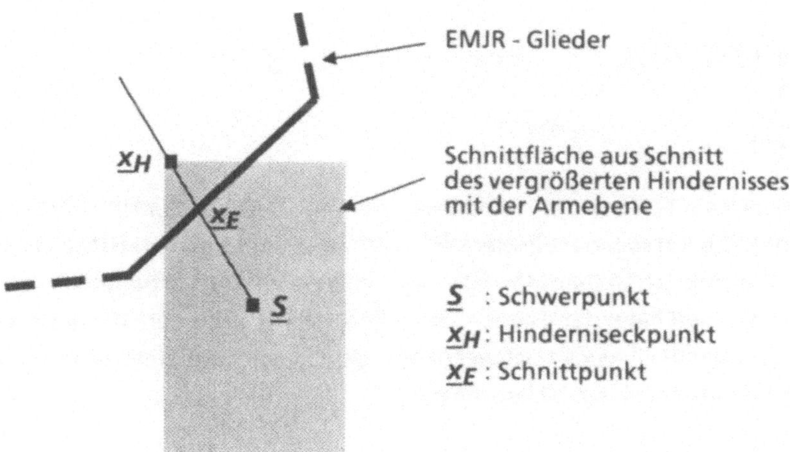

Abb. 5.11: Manipulatorglied im Hindernisbereich

b) Berechnung der Schnittpunkte der Hinderniskanten mit den Verbindungslinien Schwerpunkt - Gelenk:

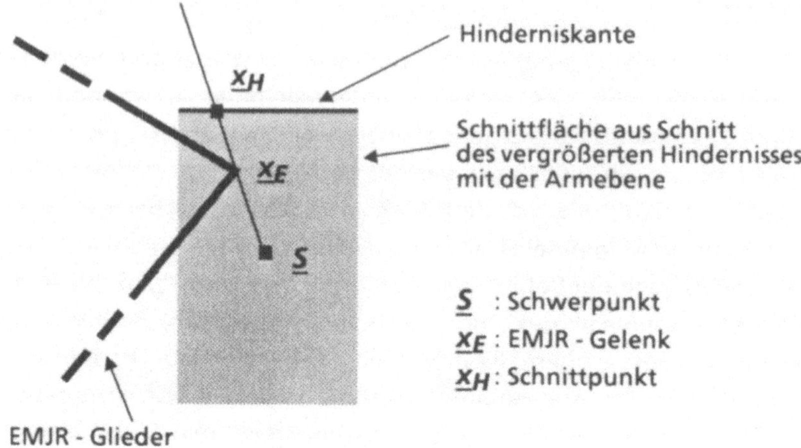

Abb. 5.12: Manipulatorgelenk im Hindernisbereich

Alle Zielpositionen, d.h. diejenigen Positionen zu denen die Manipulatorglieder bewegt werden sollen, befinden sich nun auf den Kanten oder Eckpunkten des Hindernisses, da bereits vor dem Schneiden der Armebene mit dem Parallelepiped eine Vergrößerung um die Solldistanz vorgenommen wurde.

Auch hier wird für jeden kollisionsgefährdeten Punkt des Manipulators die Zielfunktion

$$\min_{\underline{d}} \{ Q \equiv \underline{d} \cdot \underline{d}^T \} \qquad \text{mit} \qquad \underline{d} = \underline{x}_H - \underline{x}_E$$

aufgestellt.

Befindet sich der TCP vor dem Hindernis, während Teile des EMJR's hinter dem Schwerpunkt im Bereich der Hindernisfläche liegen, werden zunächst Zielpunkte in der Höhe der Schnittpunkte links des Schwerpunktes vorgegeben, um die Glieder nicht als Folge der Ergebnisse von a und b nach rechts zu schieben. Sobald alle Glieder links des Schwerpunktes sind, wird die Zielposition wieder nach den Methoden a bzw. b berechnet.

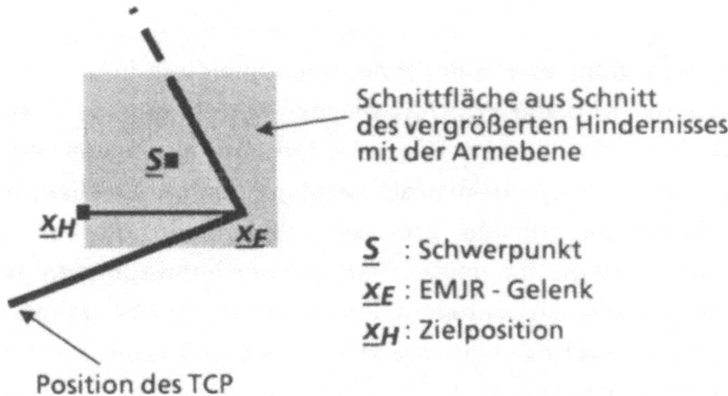

**Abb. 5.13:   Verschiebung des Gelenks
am Schwerpunkt vorbei**

Die Vorgehensweise dieses Abschnitts könnte auch auf Hindernisse, die sich real in der Armebene befinden, angewandt werden. Da die vorgegebene Zielposition in der Regel nicht erreicht wird und nur als grobe Vorgabe für die Richtung der Bewegung eines EMJR-Gliedes dient, ergeben sich, wie Simulationen gezeigt haben, ähnliche Ergebnisse wie bei der Vorgehensweise in Abschnitt a. Da jedoch dort genauere Informationen über die Distanz zum Hindernis erhalten werden, und überdies auf die Berechnung des Schwerpunktes und das Vergrößern eines Körpers im Raum verzichtet werden kann, werden zwei etwas unterschiedliche Vorgehensweisen bei der Berechnung der Zielpositionen gewählt.

Prioritätensteuerung und kritische Distanzen

Aufgrund der Distanzen der EMJR-Glieder zum Hindernis (bzw. zu den Hindernissen) werden verschiedene Reaktionen ausgelöst. Bei Distanzen kleiner 1.2 Meter wird mit der Kollisionsvermeidung begonnen. Bei Distanzen unterhalb von 0.8 Metern wird die Bahngeschwindigkeit zurückgenommen, um mehr Leistung für die Ausweichbewegung freizusetzen, die Richtung der Bewegung des TCP wird jedoch beibehalten. Wird eine Distanz von 0.2 Metern zum Hindernis ereicht bzw. unterschritten, so wird die TCP-Bewegung angehalten und umkonfiguriert bis keine Kollisionsgefahr mehr besteht.

Um die Ausweichbewegung der Hindernisvermeidung für das betroffene Gelenk zu erleichtern, wird die Priorität bei der Berechnung der Basiskonfiguration ebenfalls durch die kleinste Distanz des Hindernisses zum jeweiligen Gelenk beeinflußt. Da bei starken Ausweichbewegungen der Gradient der Zielfunktion der Basiskonfiguration sehr groß wird, verhindert dies ein Blockieren der Ausweichbewegung. Um bei kleinen Ausweichbewegungen den Einfluß der Basiskonfiguration beizubehalten und um abrupte Übergänge beim Verlassen eines Hindernisbereichs zu vermeiden, wird die Priorität nicht einfach zu Null gesetzt, sondern nach der folgenden Funktion berechnet:

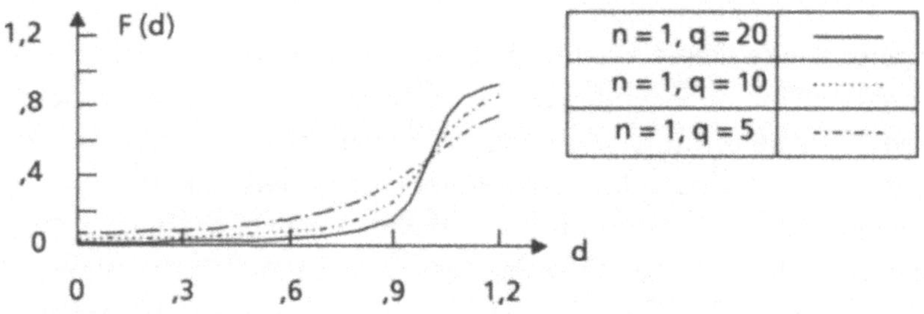

Abb. 5.14: Multiplikator
für die Priorität

$$F(d) = 0.5 + 1/\pi \cdot \arctan((d-n) \cdot q) \ ,$$

F(d) : Multiplikator für die Priorität,
d   : Distanz zum Hindernis.

Bei Verlassen eines Hindernisses wird mit zunehmender Distanz die Priorität für die geforderte Konfiguration hochgesetzt. Bereits im Bereich des Hindernisses wird rekonfiguriert.

5.3.4 Beispiele zur Hindernisvermeidung

Hindernisvermeidung bei Bewegungen in der Ebene

Als erstes Beispiel zur Hindernisvermeidung wird die Manipulatorspitze unter einem Hindernis hindurch, entlang der durch einen Pfeil angedeuteten Bahn, geführt. Eine Beibehaltung der Kreisbogenstellung würde zu einer Kollision mit dem Hindernis führen. Zunächst wird nur die Hindernisvermeidung als Zielfunktion vereinbart. Besteht keine Kollisionsgefahr, so ist auch keine Zielfunktion vorhanden, d.h. es wird keine Optimierung durchgeführt.

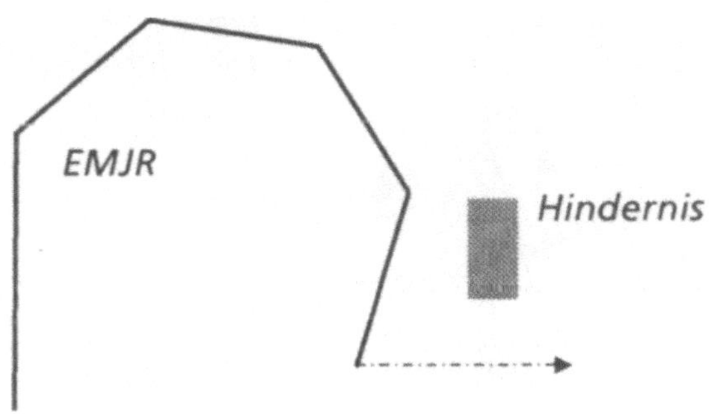

Abb. 5.15:
Beispiel zur Hindernisvermeidung in der Ebene

In Abbildung 5.16 ist im ersten Bild das Ergebnis der Simulation für das Fahren unter das Hindernis und im zweiten das Verlassen des Hindernisses durch Zurückfahren zum Startpunkt dargestellt. Die Startposition ist mit (1) gekennzeichnet. In der gepunkteten Konfiguration (2) wird das Hindernis erkannt und mit der Ausweichbewegung begonnen. Die Gelenkstellungen (3) bis (6), die repräsentativ für die Fortsetzung der Bewegung dargestellt sind, zeigen deutlich, daß vor allem die Glieder 4 und 5 eine starke Ausweichbewegung durchführen. Auch die Winkelwerte der Gelenke 2 und 3 werden durch das Hindernis beeinflußt. Da alle Gelenke am Ausweichen beteiligt sind, wird das Hindernis sehr schnell umgangen, die Konfiguration im Zielpunkt ist jedoch weit von der ursprünglichen Kreissehnenstellung entfernt.

Das Verlassen des Hindernisses durch den Übergang von Stellung (7) in die Endstellung (13) ist wieder durch einige Momentaufnahmen der dazwischenliegenden Gelenkstellungen dargestellt (Zur Wahrung der Übersichtlichkeit sind sie nicht beschriftet). Es ist anhand der Strichgraphik leicht zu erkennen, daß die

Gelenke 1,2 und 3 kaum bewegt werden, während nahezu die gesamte Bewegung des TCP durch die Gelenke 4 und 5 getragen wird. Dieses Verhalten erklärt sich dadurch, daß bei der Berechnung der Pseudoinversen eine Minimierung der Winkeländerung relativ zur maximal möglichen Winkeländerung vorgenommen wird. Da bei einer Fortsetzung der Bewegung in der Konfiguration (13) bei manchen Bahnen die Gefahr einer Kollision der Gelenke miteinander besteht, muß nun zunächst rekonfiguriert werden.

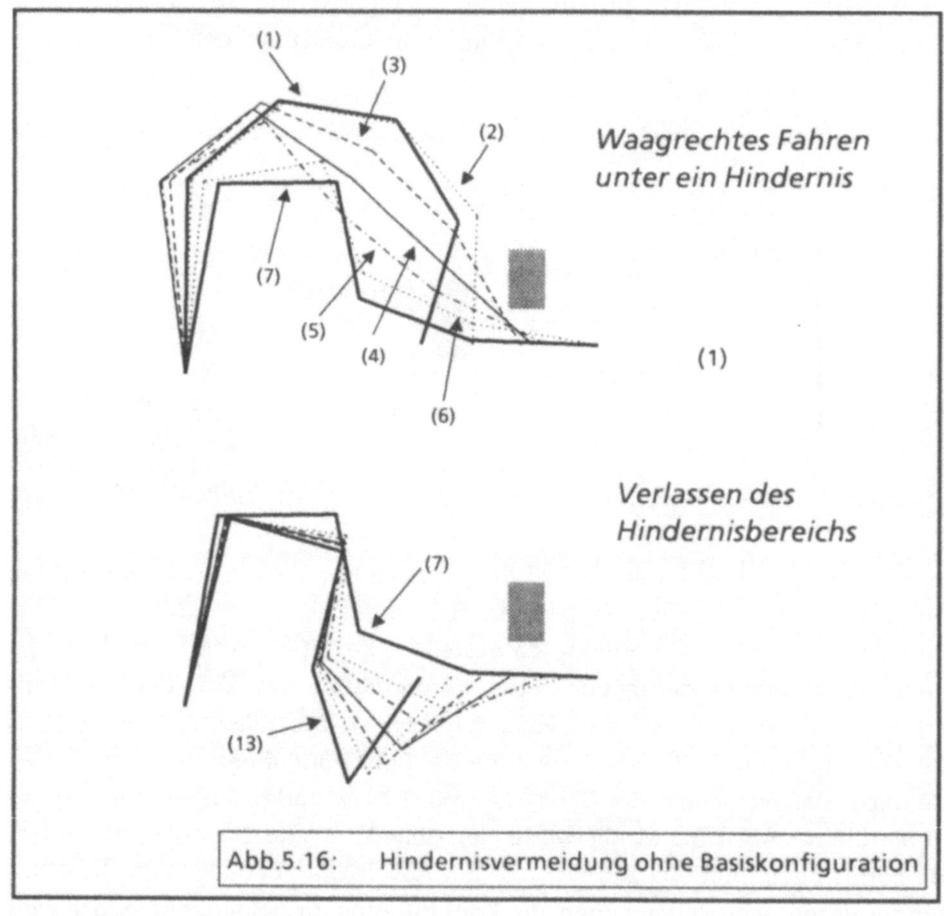

Abb.5.16:   Hindernisvermeidung ohne Basiskonfiguration

Bei einem zweiten Versuch wird die in Abschnitt 5.2.1 beschriebene Gelenkstellung "gleiche relative Winkel" als Basiskonfiguration zugeschaltet. Der EMJR wird auf derselben Bahn wie im letzten Beispiel in den Bereich des Hindernisses und zurück geführt. Betrachtet man nun das Ausweichverhalten der Gelenke (vgl. Abb. 5.17 Konfigurationen (1) bis (6)), so erkennt man, daß hauptsächlich das dem Hindernis am nächsten liegende 5.Gelenk die Ausweichbewegung durchführt. Die anderen Gelenke unterstützen diese Bewegung nur leicht und behalten eine kreisbogenähnliche Konfiguration bei. Beim Verlassen des Hindernisses zieht sich der EMJR auf die Kreisbogenstellung (11) zurück. Aufgrund der kurzen Bahn kann der optimale Zustand zwar nicht ganz erzielt werden, bei einer Fortsetzung der Bahn, z.B. senkrecht nach oben, würde die Kreissehnenstellung jedoch sehr bald erreicht.

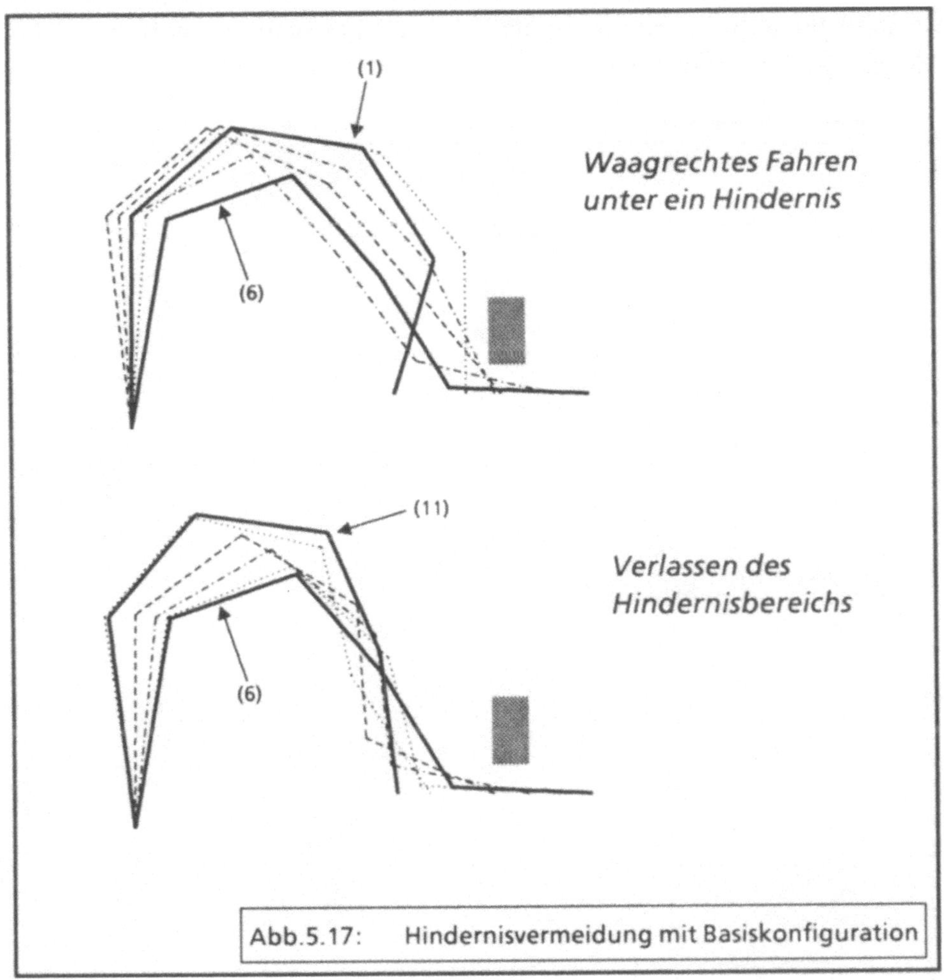

Abb.5.17:   Hindernisvermeidung mit Basiskonfiguration

Anhand des Fahrens unter das Hindernis der zweiten Simulation wird das Verhalten der TCP-Geschwindigkeit untersucht. In Abbildung 5.18 ist der Einfluß der Distanz der EMJR-Glieder zum Hindernis auf die Geschwindigkeit der Manipulatorspitze dargestellt. Die kleinste Distanz des EMJR zum Hindernis wurde für den Zeitraum dargestellt, in dem sie weniger als 0,8 Meter betrug. Bei einem Vergleich der Diagramme ist zu erkennen, daß während der Annäherung des Manipulators an das Hindernis gebremst wird (Bereich 1). Während die Distanz annähernd konstant bleibt, ist auch die Geschwindigkeit des TCP konstant (Bereich 2). Sobald sich die Gelenke vom Hindernis entfernen, wird wieder beschleunigt (Bereich 3).

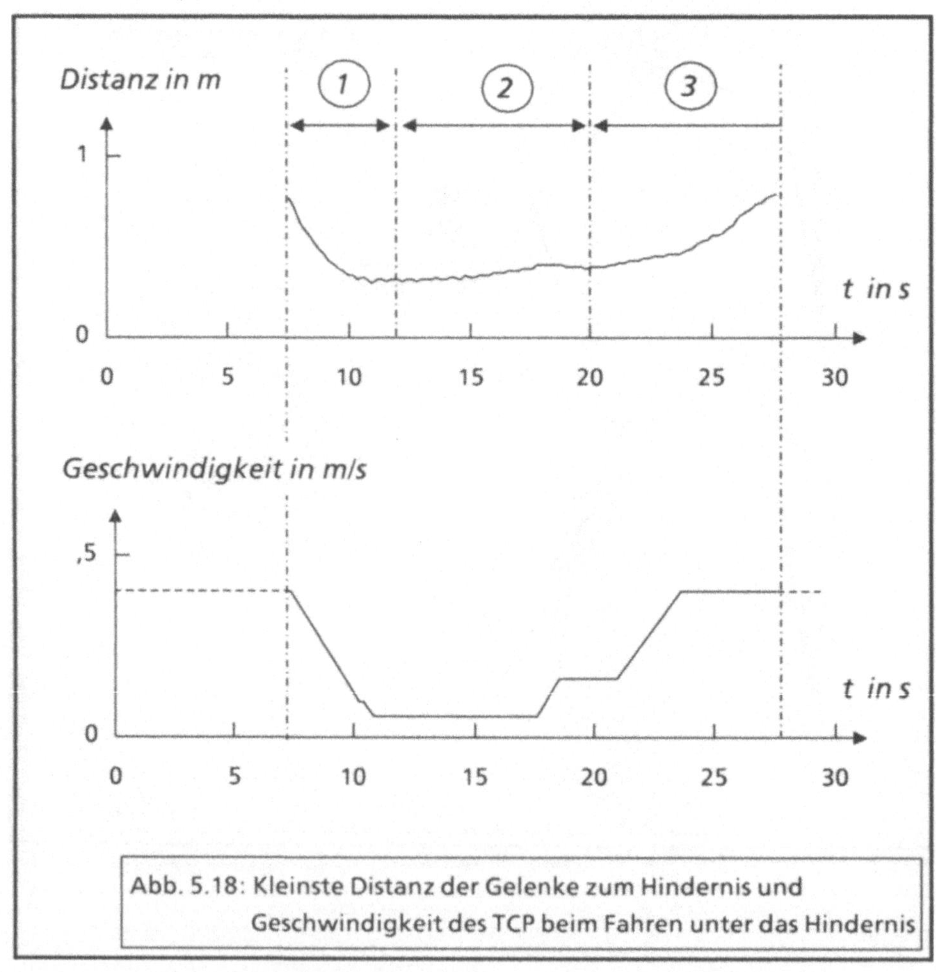

Abb. 5.18: Kleinste Distanz der Gelenke zum Hindernis und Geschwindigkeit des TCP beim Fahren unter das Hindernis

In Abb. 5.19 sind zwei weitere Beispiele zur Hindernisvermeidung in der Ebene gezeigt. In beiden dargestellten Beispielen ist der Einfluß der Forderung Kreisbogen auf das Verhalten bei der Ausweichbewegung deutlich zu erkennen.

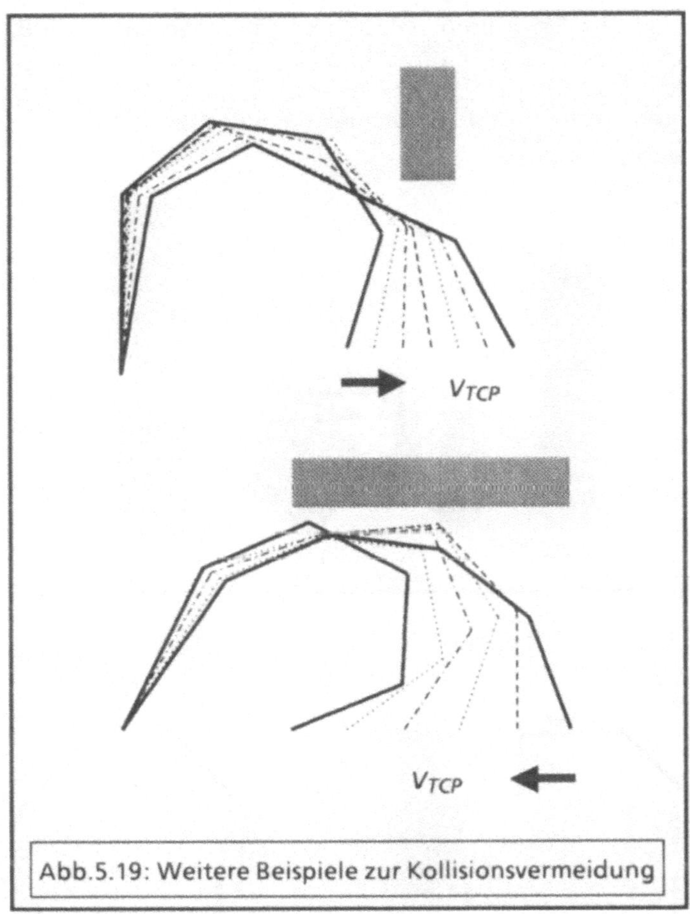

Abb.5.19: Weitere Beispiele zur Kollisionsvermeidung

<u>**Entfalten aus der Transportstellung bei begrenztem Bewegungsraum**</u>

Um einen schnellen Transport von Einsatzort zu Einsatzort zu gewährleisten, soll der EMJR zu diesem Zweck auf einen Lastwagen montiert werden. Gerade im Einsatzbereich Betonsanierung ist jedoch nicht immer genügend Raum vorhanden, um den EMJR problemlos zu entfalten. So kann sich die Situation ergeben, daß sich in einer Entfernung von wenigen Metern eine Wand befindet, an der Arbeiten erforderlich sind. Nun muß das Entfalten also auf den Bereich vor der Wand begrenzt werden.

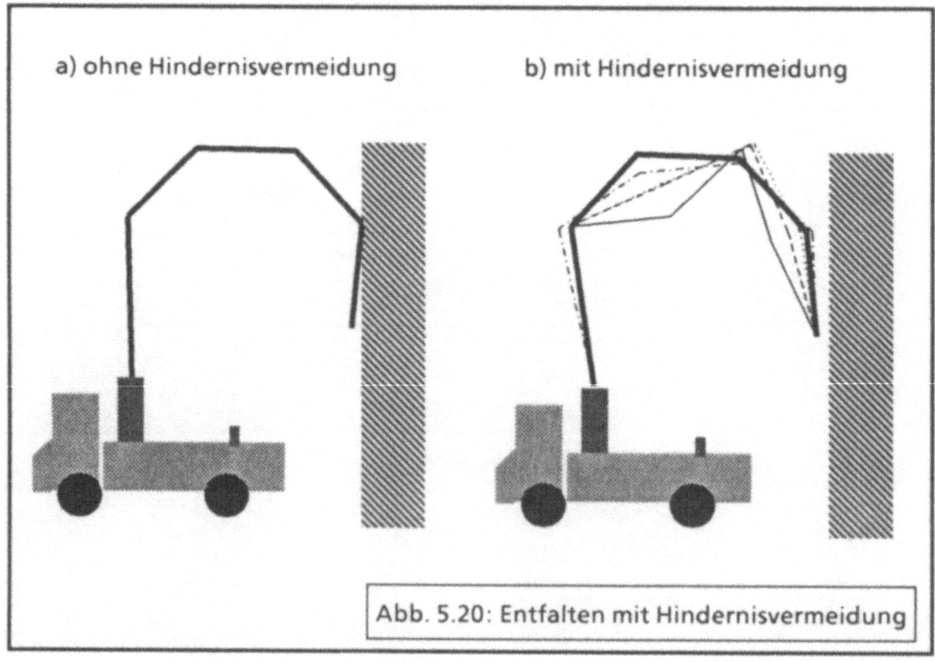

Abb. 5.20: Entfalten mit Hindernisvermeidung

Hindernisvermeidung bei Bewegungen im Raum

Zur Hindernisvermeidung im Raum werden zwei häufig auftretende Situationen simuliert. Als erstes Beispiel wird in Kreisbogenstellung vor einem Hindernis vorbeigefahren. Die Bewegungsrichtung ist als Draufsicht in der x/y - Ebene dargestellt. Ohne eine Ausweichbewegung würden die Gelenke 4 und 5 mit dem Hindernis kollidieren. Im zweiten Fall wird hinter einem Hindernis vorbeigefahren. Allerdings wird die Basiskonfiguration Kreisbogen mit einem waagrechten letzten Glied gewählt. Hier würde das fünfte Glied mit dem Hindernis kollidieren.

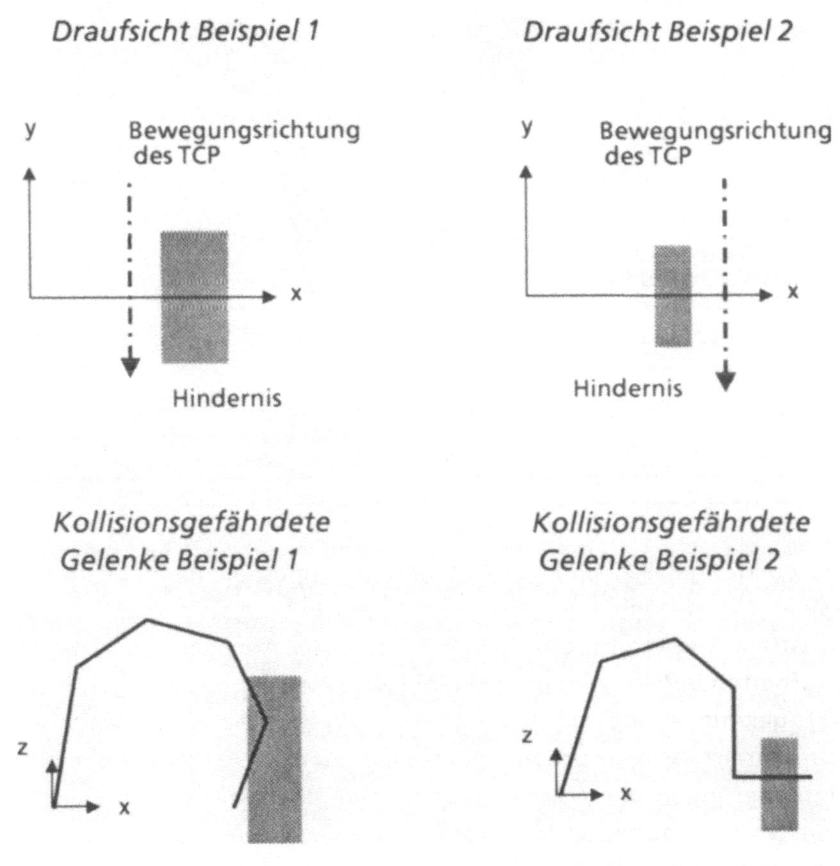

Abb. 5.21: Beispiele zur Hindernisvermeidung im Raum

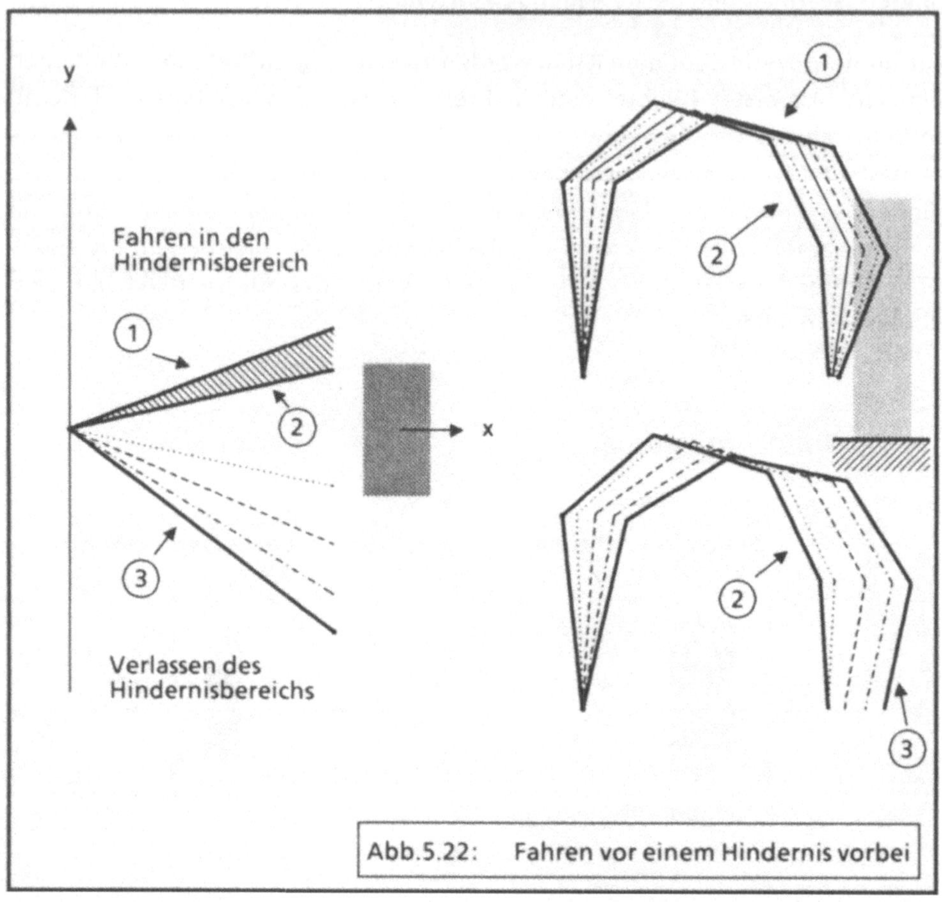

Abb.5.22:   Fahren vor einem Hindernis vorbei

In den Abbildungen 5.22 und 5.23 sind die Bewegungsabläufe für beide Beispiele dargestellt. An der mit (1) gekennzeichneten Begrenzung wird das um den Sicherheitsabstand vergrößerte Hindernis als in der Armebene liegend erkannt. Im schraffierten Bereich wird dann die Ausweichbewegung durchgeführt. In der mit (2) gekennzeichneten Stellung muß ein ausreichender Abstand zum Hindernis erreicht sein, da sich nun das reale Hindernis in der Armebene befindet. Die Veränderungen der Gelenkstellung beim Übergang von Stellung (1) in Stellung (2) sind durch weitere Konfigurationen innerhalb des schraffierten Bereichs angedeutet. Während im ersten Beispiel zumindest eine ähnliche Konfiguration, wie durch die Basiskonfiguration gefordert, beibehalten wird, geht die Konfiguration im zweiten Fall nahezu in eine Kreisbogenstellung über. Das letzte Glied wird gegenüber der TCP-Position um beinahe 90° gedreht.

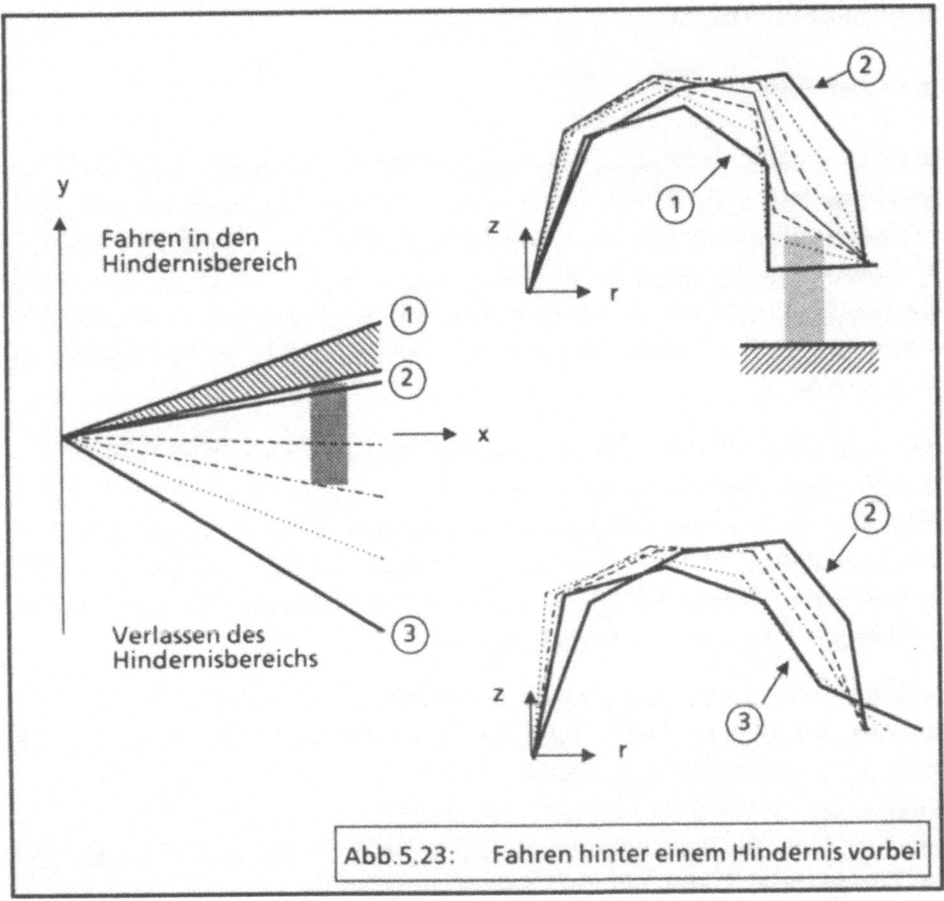

Abb.5.23:   Fahren hinter einem Hindernis vorbei

Beim Verlassen des Hindernisses wird im ersten Beispiel schon kurz hinter dem Hindernis die geforderte Basiskonfiguration erreicht (gestrichelte Stellung). Aufgrund der starken Abweichung im zweiten Beispiel wird die geforderte Basiskonfiguration am Ende der Bahn in Stellung 3 nicht ganz erreicht. Dennoch ist bereits ein deutliches Rekonfigurieren zu erkennen.

5.4 Manipulierbarkeit

5.4.1 Zielsetzung

Manche Aufgabenstellungen, wie das gleichmäßige Auftragen von Beton auf
einer Oberfläche (vgl. Anhang A), erfordern eine konstante Geschwindigkeit der
Manipulatorspitze. Die Geschwindigkeit des TCP ist durch die maximal mögliche
Gelenkwinkelgeschwindigkeit eingeschränkt, die durch die Stellung des Gelenks
relativ zum vorhergehenden bestimmt wird. So ist die Maximalgeschwindigkeit in
x-Richtung für die Basiskonfigurationen z-Faltung und Kreissehnenstellung
verschieden.

Soll eine feste, konstante Geschwindigkeit über eine lange Bahn eingehalten
werden, muß die Konfiguration dahingehend modifiziert werden, daß die
maximal mögliche Geschwindigkeit mit Sicherheit größer ist, als die geforderte
Geschwindigkeit. Da die Richtung der Bewegung nicht als gleichbleibend
vorausgesetzt werden kann, muß ein Kriterium angewandt werden, das eine
richtungsunabhängige Bewertung erlaubt.

Aufgrund des nichtlinearen Zusammenhangs von Gelenkstellung zu Gelenkwinkelgeschwindigkeit kann keine im Sinne des Kriteriums JRAE optimale
Stellung angegeben werden. Dieses Kriterium kann also nicht als Zielfunktion
angewandt werden. Das Verhalten des EMJR bei Anwendung der Kriterien
manipulability (M), *minimum singular value (MSV)*, und *condition number (CN)*
als Ziele der Optimierung wird im folgenden untersucht.

5.4.2 Das Geschwindigkeitsellipsoid

Die Geschwindigkeit am TCP eines Manipulators in eine bestimmte Richtung
kann, unter Beachtung aller Begrenzungen, nicht ohne weiteres in geschlossener
Form berechnet werden. Nach Yoshikawa [Yosh] wird jedoch eine Untermenge
der realisierbaren Geschwindigkeiten im Raum $\mathbb{R}^m$ durch die Ungleichung

$$\underline{\dot{\theta}}^T \cdot \underline{\dot{\theta}} = \underline{\dot{\theta}}_1{}^2 + \dots + \underline{\dot{\theta}}_n{}^2 \le 1, \tag{37}$$

$\quad$ n : Anzahl der Gelenke,

$\quad$ m : Freiheitsgrade der Bewegung der Manipulatorspitze,

$\quad$ $\underline{\dot{\theta}}$: normierter Vektor der Gelenkwinkelgeschwindigkeiten beschrieben. Diese Ungleichung führt durch Einsetzen von

$$\underline{\dot{\theta}} = \underline{J}(\underline{\theta})^{+} \cdot \underline{\dot{x}} \quad ,$$

$$\begin{aligned}
\underline{J}(\underline{\theta}) &\quad : \text{Jacobimatrix,} \\
\underline{J}(\underline{\theta})^{+} &\quad : \text{Pseudoinverse der Jacobimatrix,} \\
\underline{\dot{x}} &\quad : \text{Geschwindigkeit der Manipulatorspitze}
\end{aligned}$$

auf eine quadratische Form, die im Fall eines 3-dimensionalen Vektors $\underline{\dot{x}}$ einem Ellipsoid, und im 2-dimensionalen Fall einer Ellipse entspricht:

$$\underline{\dot{x}}^{T} (\underline{J} \cdot \underline{J}^{T})^{-1} \underline{\dot{x}} \leq 1 \quad .$$

Aufgrund der unterschiedlichen, maximal möglichen Gelenkwinkelgeschwindig-keiten

$$\omega_{i,max} = f(\theta_i) \qquad , i = 1, \dots, n$$

muß durch Einführung einer Gewichtungsmatrix

$$\underline{W} = \text{diag}(\omega_{1,max}, \dots, \omega_{n,max}) \, , \qquad n \;\; : \text{Anzahl der Gelenke,}$$

normiert werden. Die Abhängigkeit der Gelenkwinkelgeschwindigkeit von der Gelenkstellung ist in Anhang C beschrieben.

Die Gleichung des Geschwindigkeitsellipsoids lautet somit:

$$\underline{\dot{x}}^{T} (\underline{J} \cdot \underline{W} \cdot \underline{W}^{T} \cdot \underline{J}^{T})^{-1} \underline{\dot{x}} \leq 1 \qquad . \tag{38}$$

Die Eigenwerte $\lambda_1 \dots \lambda_m$ [Noble] der Matrix $\underline{A} = (\underline{J} \cdot \underline{W} \cdot \underline{W}^{T} \cdot \underline{J}^{T})$ entsprechen gerade dem Quadrat der Längen der Halbachsen des Geschwindigkeitsellipsoids:

$$h_i = (\lambda_i)^{\frac{1}{2}} \qquad , \qquad i = 1 \dots m \, . \tag{39}$$

Die Eigenvektoren der inversen Matrix $\underline{A}$ ergeben die Richtungsvektoren der Achsen des Ellipsoids.

Die in [Klein-1] miteinander verglichenen Kriterien zur Bewertung der Manipulierbarkeit basieren mit Ausnahme des Kriteriums JRAE auf den Eigenwerten $\lambda_1 \geq \lambda_2 \geq ... \geq \lambda_m \geq 0$:

$$
\begin{aligned}
\textit{Minimum Singular Value} \quad : \quad & \text{MSV} && = (\lambda_m)^{\frac{1}{2}} \\
\textit{Condition Number} \quad : \quad & \text{CN} && = (\lambda_m / \lambda_1)^{\frac{1}{2}} \\
\textit{Manipulability} \quad : \quad & \text{M} && = (\det \underline{A})^{\frac{1}{2}} = (\lambda_1 \cdot \lambda_2 \cdot ... \cdot \lambda_m)^{\frac{1}{2}}
\end{aligned}
$$

Das Kriterium MSV entspricht der Wurzel des kleinsten Eigenwerts, das heißt nach Gleichung (30) dem Wert der kleinsten Ellipsenhalbachse. Das Kriterium CN bewertet das Verhältnis von kleinster zu größter Ellipsenhalbachse. Das von Yoshikawa vorgeschlagene Kriterium *manipulability* entspricht, bis auf einen konstanten Faktor, dem Volumen des Geschwindigkeitsellipsoids (bzw. der Ellipsenfläche im Fall m = 2). Der Wert dieses Kriteriums kann in einfacher Weise durch die Determinante der Matrix $\underline{A}$ ermittelt werden. Für die Bewertung des Geschwindigkeitsellipsoids nach den Kriterien MSV und CN kann eine Berechnung der Eigenwerte nicht umgangen werden. Nur im Fall m = 2 kann eine geschlossene Formel für die Berechnung von MSV und CN angegeben werden. Für m > 2 muß auf aufwendigere Verfahren zur Eigenwertberechnung zurückgegriffen werden [Zur, Macie].

5.4.3 Die Geschwindigkeitsellipse

Da alle redundanten Achsen in einer Ebene liegen, ist die Forderung nach einer Bewertungsfunktion, die auch im Mehrdimensionalen gilt, nicht nötig. Zum besseren Verständnis der nun folgenden Berechnungen werden für die Ellipse die folgenden Bezeichnungen gewählt:

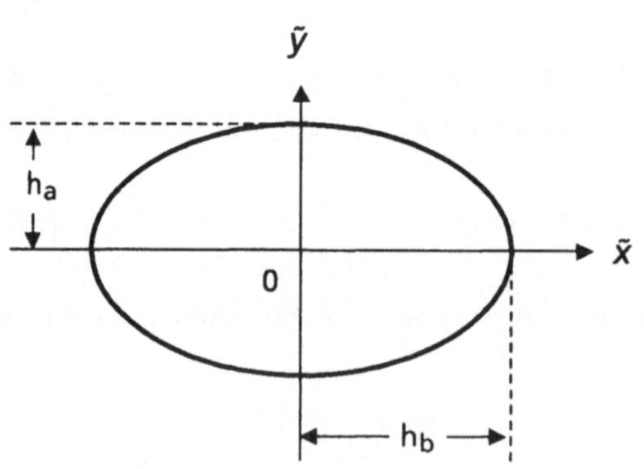

Fläche einer Ellipse:

$$F = \pi h_a h_b$$

Normalform der Ellipsengleichung:

$$\frac{\tilde{x}^2}{h_a{}^2} + \frac{\tilde{y}^2}{h_b{}^2} = 1$$

Abb. 5.24 : Ellipse

Geht man von der im letzten Kapitel hergeleiteten Ellipsengleichung (38)

$$\underline{\dot{x}}^T \cdot \underline{A}^{-1} \cdot \underline{\dot{x}} \leq 1 \qquad \text{mit} \qquad \underline{A} = (\underline{J} \cdot \underline{W} \cdot \underline{W}^T \cdot \underline{J}^T) = \begin{bmatrix} a & b \\ b & c \end{bmatrix} \, ,$$

$$D = \det(\underline{A}) = a \cdot c - b^2 \quad ,$$

aus, wobei sich die Elemente der Matrix $\underline{A}$, die zur Vereinfachung eingeführt wird, durch

$$a = \underline{j}_x \cdot \underline{W} \cdot \underline{W}^T \cdot \underline{j}_x^T \, ,$$

$$b = \underline{j}_x \cdot \underline{W} \cdot \underline{W}^T \cdot \underline{j}_y^T \, ,$$

$$c = \underline{j}_y \cdot \underline{W} \cdot \underline{W}^T \cdot \underline{j}_y^T \, ,$$

$$\underline{j}_x = (j_{1x}, \dots, j_{nx}) \, ,$$
$$\underline{j}_y = (j_{1y}, \dots, j_{ny}) \, ,$$

berechnen, so ergeben sich für diese Matrix die Eigenwerte

$$\lambda_{+,-} = 0.5 \cdot [\, (a + c) \pm \sqrt{(a + c)^2 - 4D} \,\,] \quad . \qquad\qquad (40)$$

Die Eigenwerte von $\underline{A}$ entsprechen nach Gleichung (39) dem Quadrat der Ellipsenhalbachsen h_a und h_b:

$$h_a = (\lambda_-)^{\frac{1}{2}} \quad , \qquad h_b = (\lambda_+)^{\frac{1}{2}} \quad .$$

Um einen Vergleich der Kriterien zu erhalten, soll nun entlang einer waagrechten Bahn mit $y = 0\,\text{m}$ von der Position $x = 8\,\text{m}$ zur Position $x = 20\,\text{m}$ gefahren werden. Die Bewertungskriterien werden für die Optimierung auf Kreisbogen und für das Verhalten ohne Optimierung berechnet und verglichen. Da die gestreckte Stellung des EMJR ($x = 22$ m) einer Singularität entspricht, kann für beide Fahrweisen das Verhalten in der Nähe von Singularitäten untersucht werden.

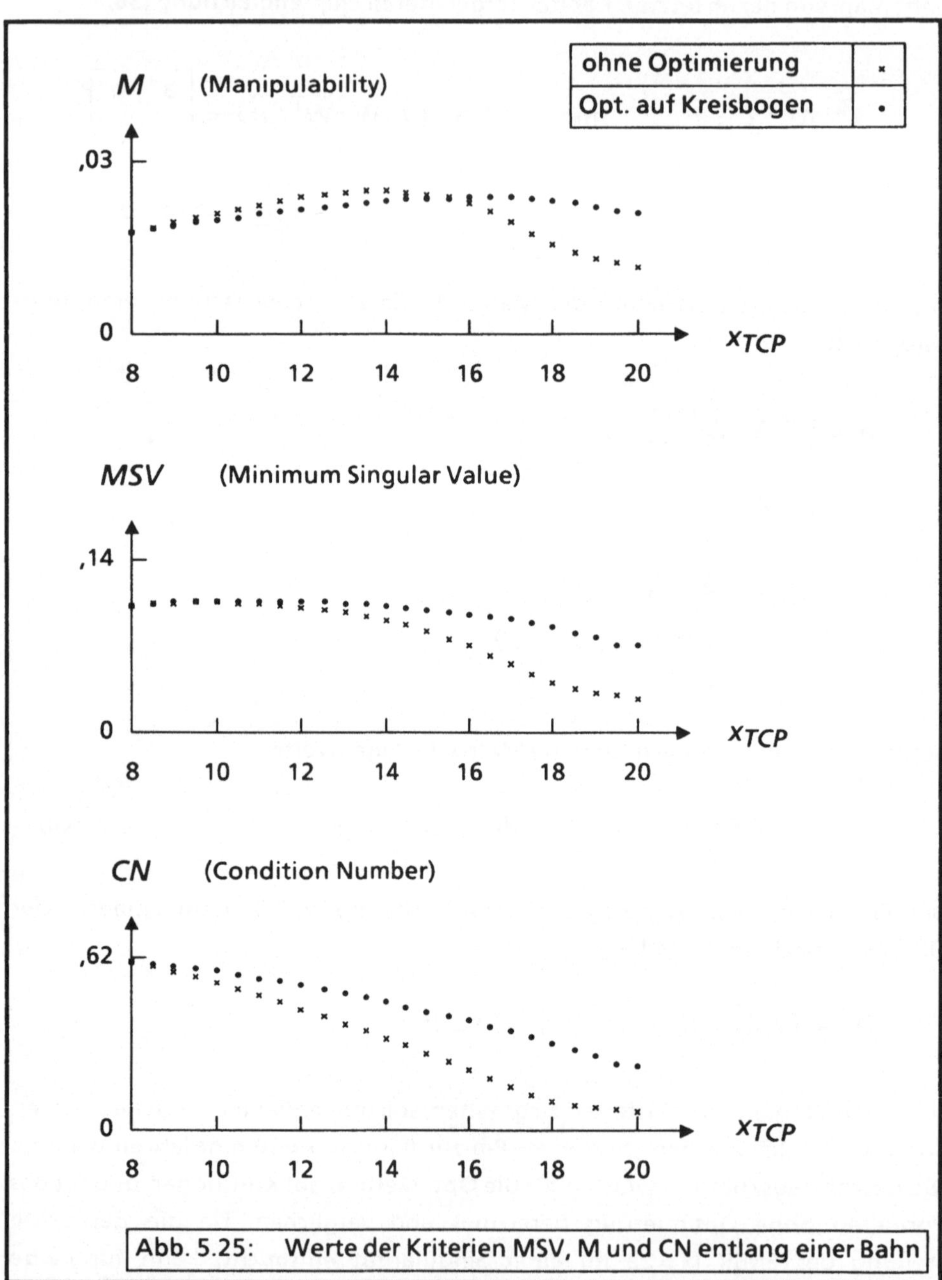

Abb. 5.25: Werte der Kriterien MSV, M und CN entlang einer Bahn

In Abbildung 5.25 sind die Ergebnisse der Simulation dargestellt. Für alle drei Kriterien liefert die Optimierung auf Kreisbogen im hinteren Bahnbereich eindeutig die größeren Werte. Das Kriterium MSV, das der kleineren Ellipsenachse entspricht, fällt ab x = 14m stark ab. Die beiden anderen Kriterien, die ebenfalls proportional zum Wert der kleineren Ellipsenhalbachse sind, zeigen ein analoges Verhalten. Da der Wert des MSV einem Weg entspricht, der innerhalb eines Steuertaktes in beliebiger Richtung mit Sicherheit zurückgelegt werden kann, liefert die Optimierung auf Kreisbogen eindeutig ein verbessertes Geschwindigkeitsverhalten.

5.4.4 Manipulierbarkeit nach Yoshikawa

Nach Yoshikawa [Yosh] kann die Manipulierbarkeit durch einen Wert M, der proportional zum Volumen des Geschwindigkeitsellipsoids ist, bewertet werden:

$$M = \sqrt{\det(\underline{J} \cdot \underline{W} \cdot \underline{W}^T \cdot \underline{J}^T)} \qquad ,$$

$$\underline{W} \ : \text{Gewichtungsmatrix,}$$
$$\underline{J} \ \ : \text{Jacobimatrix.}$$

Bewegt man sich in Richtung einer Singularität, so geht der Wert der Manipulierbarkeit M gegen Null. Durch dieses Kriterium können also Singularitäten erkannt werden. Die Konfiguration der Gelenke soll nun dahingehend modifiziert werden, daß M möglichst große Werte annimmt. Dadurch soll zum einen ein besseres Verhalten im Bereich von Singularitäten erzielt werden. Zum anderen soll durch das Maximieren des Ellipsenvolumens die maximal mögliche Geschwindigkeit der Manipulatorspitze in beliebiger Richtung erhöht werden.

Manipulierbarkeit als Zielfunktion der Optimierung

Um die Änderungen von M bei einer Änderung der Winkel α_i um $d\alpha_i$ zu erhalten, muß die Bewertungsfunktion

$$M_E = \det(\underline{J} \cdot \underline{W} \cdot \underline{W}^T \cdot \underline{J}^T)$$

differenziert werden. Unter Verwendung der in Abschnitt 5.4.3 eingeführten Matrix $\underline{A}$ gilt für das Kriterium M_E :

$$M_E = \det(\underline{A}) = a \cdot c - b^2 \quad .$$

Durch Differentation dieser Gleichung ergibt sich

$$\frac{dM_E}{d\underline{\alpha}} = a \cdot \frac{dc}{d\underline{\alpha}} + c \cdot \frac{da}{d\underline{\alpha}} - 2 \cdot b \cdot \frac{db}{d\underline{\alpha}}$$

Die Zielfunktion der Optimierung lautet dann

$$Q = -\left(M_E(\underline{\alpha}_{akt}) + \left. \frac{dM_E}{d\underline{\alpha}} \right|_{\underline{\alpha} = \underline{\alpha}_{akt}} \cdot d\underline{\alpha} \right)^2 \quad , \tag{41}$$

$$\underline{\alpha}_{akt} : \text{aktuelle Gelenkwinkel} .$$

Da die Elemente der Matrix $\underline{W}$, sowie die Elemente der Jacobimatrix von der aktuellen Winkelstellung abhängen, ergibt sich nach der Produktregel der Differentiation für die Elemente der Matrix $\underline{A}$:

$$\frac{da}{d\underline{\alpha}} = 2 \cdot \underline{W}^2 \cdot \underline{j}_x^{\,T} \cdot \frac{d\underline{J}_x}{d\underline{\alpha}} + 2 \cdot \underline{j}_x^{\,T} \cdot \underline{W} \cdot \underline{H} \cdot \underline{j}_x \quad ,$$

$$\frac{db}{d\underline{\alpha}} = \underline{W}^2 \cdot \underline{j}_x^{\,T} \cdot \frac{d\underline{J}_y}{d\underline{\alpha}} + \underline{W}^2 \cdot \underline{j}_y^{\,T} \cdot \frac{d\underline{J}_x}{d\underline{\alpha}} + 2 \cdot \underline{j}_x^{\,T} \cdot \underline{W} \cdot \underline{H} \cdot \underline{j}_y \quad ,$$

$$\frac{dc}{d\underline{\alpha}} = 2 \cdot \underline{W}^2 \cdot \underline{j}_y^{\,T} \cdot \frac{d\underline{J}_y}{d\underline{\alpha}} + 2 \cdot \underline{j}_y^{\,T} \cdot \underline{W} \cdot \underline{H} \cdot \underline{j}_y \quad ,$$

$$\underline{H} = \operatorname{diag}\left(\frac{dw_1}{d\underline{\alpha}} , \dots , \frac{dw_n}{d\underline{\alpha}} \right) ,$$

$$\underline{W} = \operatorname{diag}(w_1, \dots, w_n) \quad ,$$

$$\underline{W}^2 = \operatorname{diag}(w_1^2, \dots, w_n^2) \quad .$$

Simulationen und Ergebnisse

Um die Veränderungen der Geschwindigkeitsellipsen und der Konfiguration bei Anwendung der im letzten Abschnitt hergeleiteten Zielfunktion zu überprüfen, soll entlang der Testbahn aus Abschnitt 5.4.3 gefahren werden. Die Geschwindigkeitsellipsen werden an verschiedenen Punkten der Bahn aufgezeichnet. Als Vergleich wird die Optimierung auf Kreisbogen herangezogen.

In den Simulationen der Abbildungen 5.26 und 5.27 wurden die Konfigurationen und die Hauptachsen der Geschwindigkeitsellipsen entlang der 12 m langen Bahn der Manipulatorspitze im Abstand von 2 m aufgezeichnet. Die Geschwindigkeitsellipsen wurden wegen einer verbesserten Darstellung um Faktor 5 vergrößert. Für beide Simulationen wurde dieselbe Grundstellung als Startkonfiguration gewählt. In den Abbildungen 5.28 und 5.29 werden die Werte der Ellipsenfläche und der Ellipsenhalbachsen für beide Kriterien miteinander verglichen.

Die Maximierung der Ellipsenfläche (Abb. 5.27) führt gegen Bahnende zu einer sehr schmalen langgezogenen Ellipse. Da die kleinere Halbachse nahezu in Richtung der Bewegung liegt, führt dies zu sehr negativen Auswirkungen auf die Geschwindigkeit der Manipulatorspitze. Die geforderte Geschwindigkeit von 0.4m/s kann gegen Bahnende nicht mehr beibehalten werden. Die Maximierung der Ellipsenfläche hat also sogar negative Auswirkungen. Auch bei der Optimierung auf Kreisbogen wird die Ellipse schmaler, da die Manipulierbarkeit M aufgrund einer Singularität für den ausgestreckten Arm zu 0 wird. Es kann jedoch eine konstante Bahngeschwindigkeit bis zur Zielposition beibehalten werden.

Vergleicht man für beide Kriterien die erzielten Ellipsenflächen entlang der Bahn (Abb 5.28), so steigt die Fläche für das Kriterium Ellipsenvolumen zunächst sehr viel stärker an, als beim Kriterium Kreisbogen. Ein Vergleich der Größen der Ellipsenhalbachsen (Abb. 5.29) zeigt jedoch, daß dies nur durch Vergrößern der Halbachse h_b auf Kosten der Achse h_a erreicht wird. Die Forderung, eine möglichst hohe Maximalgeschwindigkeit unabhängig von der Bewegungsrichtung zu erhalten, wird durch die Maximierung der Ellipsenfläche also nicht erzielt. Da ein starkes Abfallen der Werte der kleineren Ellipsenachse die Ursache für das ungünstige Geschwindigkeitsverhalten gegen Bahnende ist, liegt es nahe ein Maximieren dieser Halbachse als Kriterium zu fordern. Dies entspricht aber gerade einer Maximierung des Kriteriums *MSV*.

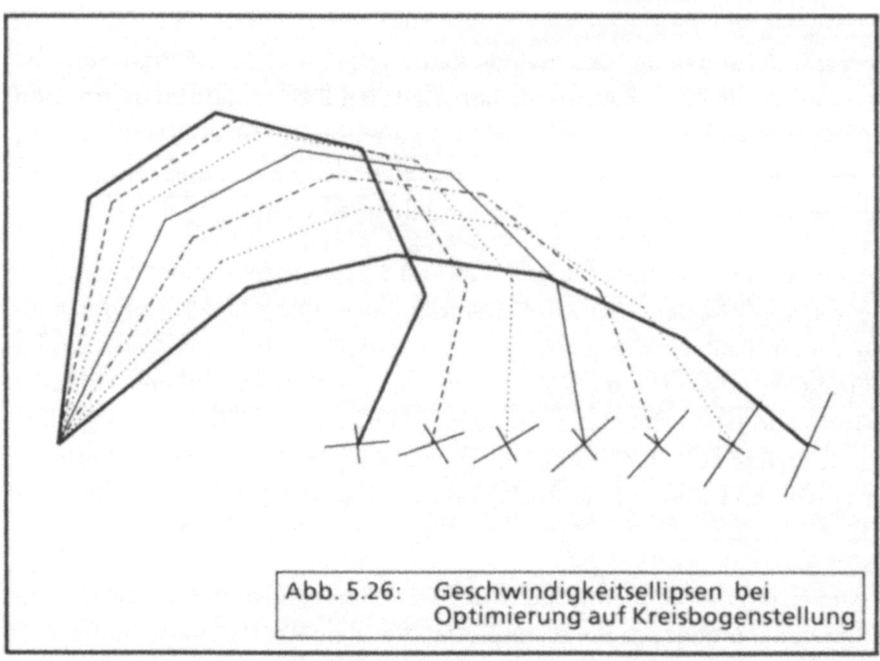

Abb. 5.26: Geschwindigkeitsellipsen bei
Optimierung auf Kreisbogenstellung

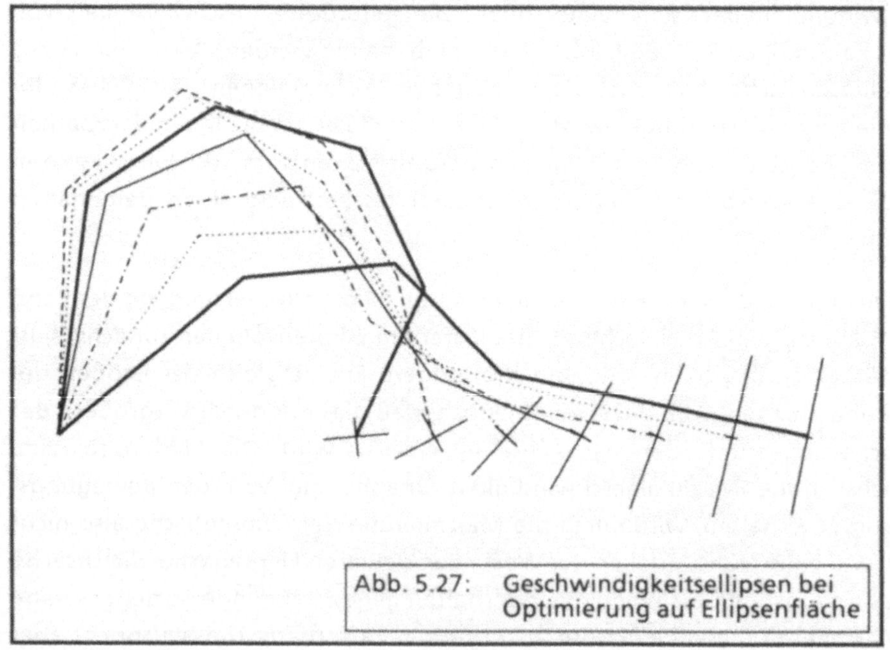

Abb. 5.27: Geschwindigkeitsellipsen bei
Optimierung auf Ellipsenfläche

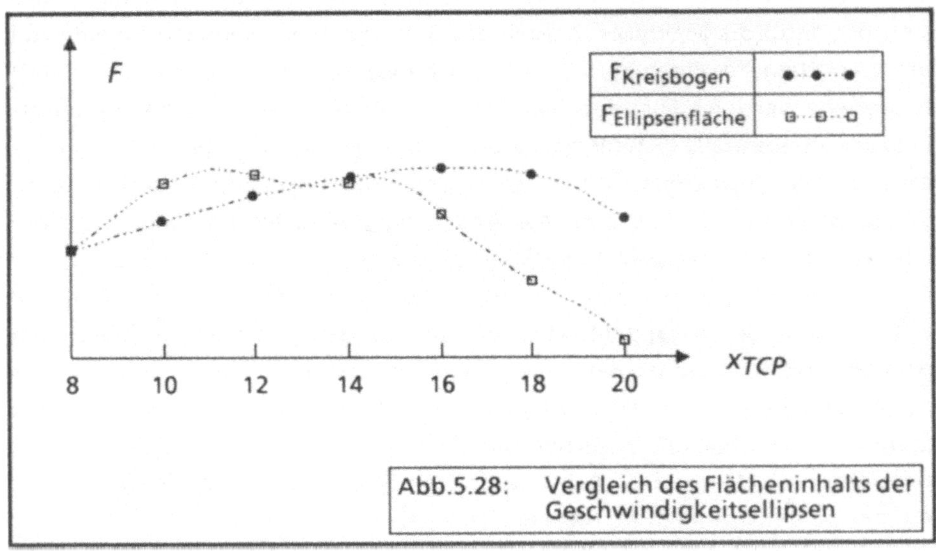

Abb.5.28:   Vergleich des Flächeninhalts der Geschwindigkeitsellipsen

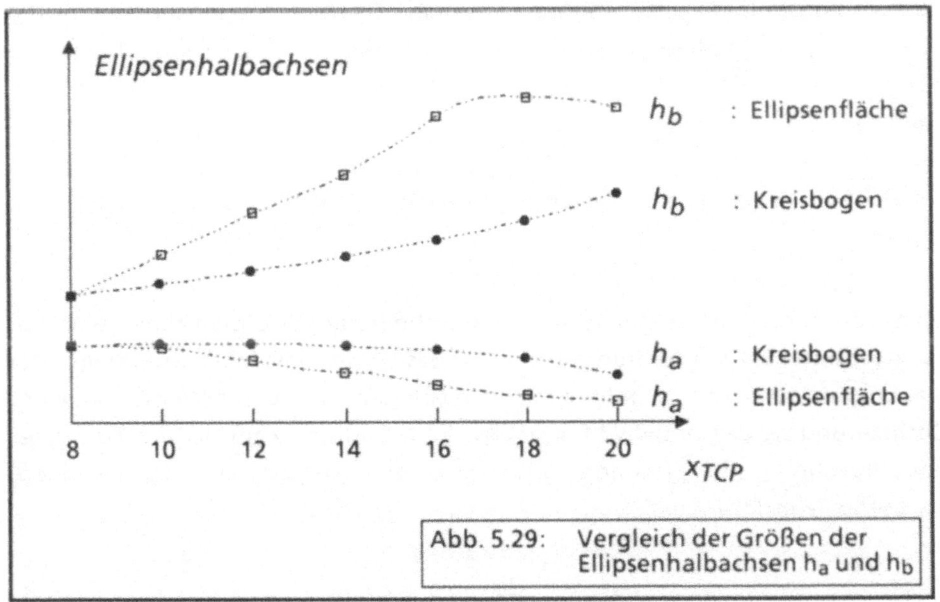

Abb. 5.29:   Vergleich der Größen der Ellipsenhalbachsen h_a und h_b

5.4.5 Maximieren des Kriteriums MSV

Die kleinere Halbachse h_a der Ellipse - diese entspricht dem Kriterium MSV - wird als Kriterium für die Manipulierbarkeit gewählt. Für den zweidimensionalen Fall kann der kleinere Eigenwert λ_- als geschlossene Lösungsformel (vgl. (40)) angegeben werden. Für den Fall $m = 3$ sind für verschiedene Fallunterscheidungen ebenfalls differenzierbare Funktionen verfügbar [Bron]. Bei mehrdimensionalen Problemen sind die Eigenwerte nur noch iterativ berechenbar. Deshalb ist keine Aussage über die Änderung des Kriteriums MSV bei einer Änderung der Konfiguration möglich.

Das ebenfalls in [Klein-1a] getestete Kriterium "condition number", das hier dem Verhältnis der Ellipsenachsen zueinander entspricht, kann ebenfalls zur Optimierung herangezogen werden. Da jedoch bei der Maximierung dieses Kriteriums anstelle einer Vergrößerung der kleineren Ellipsenhalbachse eine Verkleinerung der großen Achse auftreten kann, ist dieses Kriterium als Zielfunktion der Optimierung nicht empfehlenswert.

Nun wird anstelle der Fläche einer Ellipse der Eigenwert λ_- maximiert. Für die Berechnung der Zielfunktion wird das Quadrat der kleineren Ellipsenhalbachse gewählt, da sich dadurch eine erhebliche Vereinfachung bei der Differentiation ergibt:

$$M = h_a{}^2 = \lambda_- \qquad \rightarrow \qquad \text{maximal} \quad \text{bzw.}$$

$$M = 1 / \lambda_- \qquad \rightarrow \qquad \text{minimal} \ .$$

Die Berechnung einer Zielfunktion für die Optimierung erfolgt in analoger Weise zu Abschnitt 5.4.4 Gleichung (41). Da das Kriterium MSV Grundlage der Zielfunktion ist, wird im folgenden in nicht ganz korrekter Weise von einer Optimierung des Kriteriums MSV gesprochen. Dadurch kann jedoch von einer umständlicheren Bezeichnung, insbesondere innerhalb der Simulationen, abgesehen werden.

Die in Abschnitt 5.4.3 vorgestellte Testbahn wird nun mit der neuen Zielfunktion abgefahren. Die Abbildungen 5.30 bis 5.32 zeigen das Ergebnis dieser Simulation. Die Halbachse h_a wächst im ersten Bahnabschnitt stark an. Im weiteren Verlauf fallen die Werte für die Halbachse h_a weit unter diejenigen, die durch Optimierung auf Kreisbogen erzielt wurden. Die geforderte Geschwindigkeit von 0.4 m/s kann bereits lange vor Bahnende nicht mehr eingehalten werden.

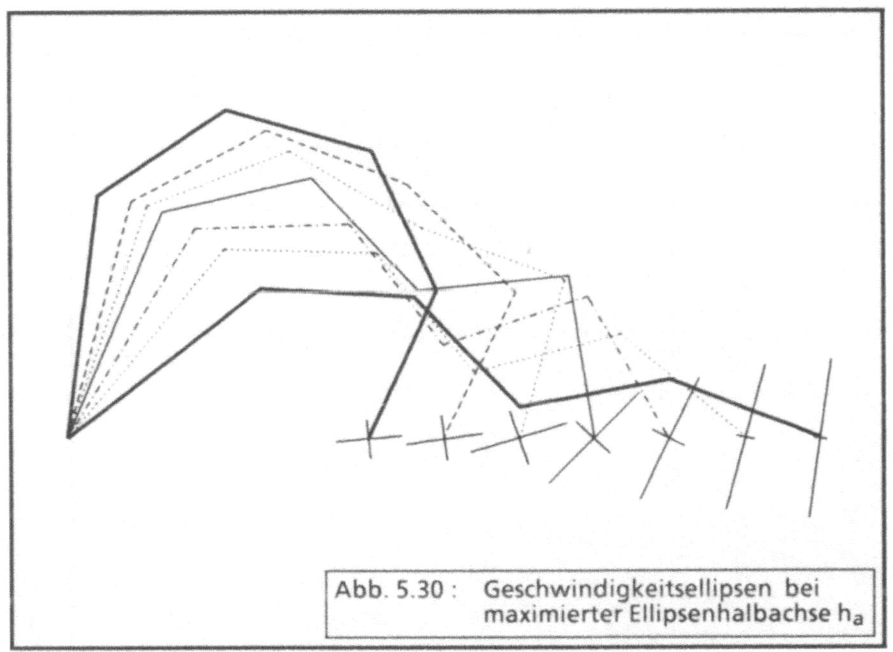

Abb. 5.30 : Geschwindigkeitsellipsen bei maximierter Ellipsenhalbachse h_a

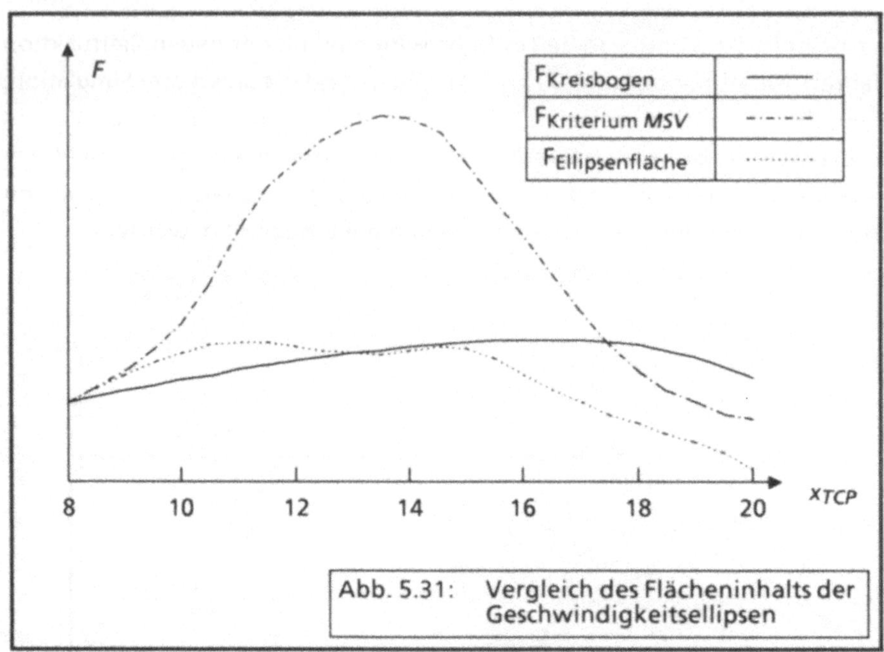

Abb. 5.31: Vergleich des Flächeninhalts der Geschwindigkeitsellipsen

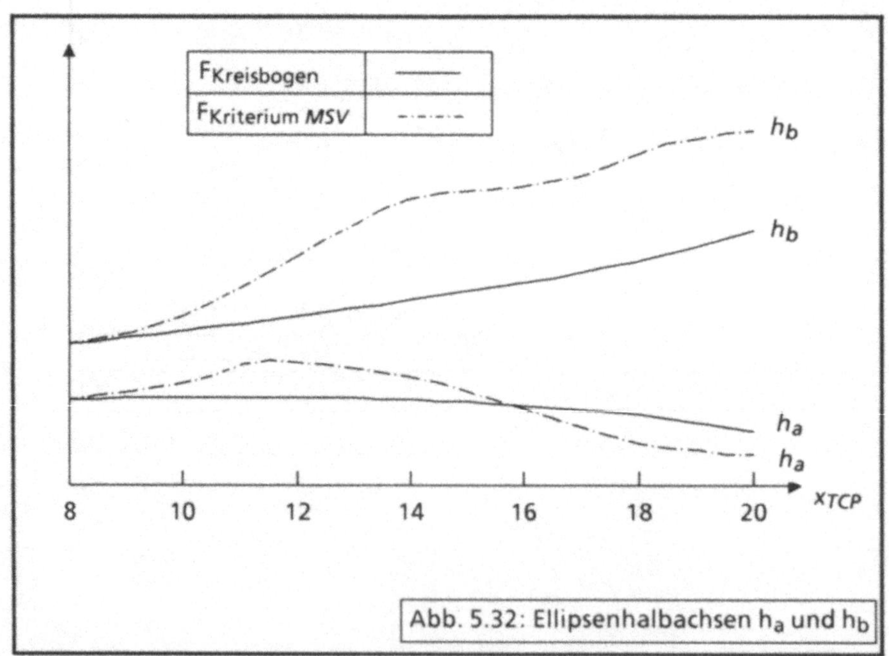

Abb. 5.32: Ellipsenhalbachsen h_a und h_b

Die nichtlinearen Kurven für die maximale Gelenkwinkelgeschwindigkeit (vgl. Anhang C), insbesondere der Gelenke 3 bis 5 sind der Grund für dieses Verhalten. Da nur die Steigung im aktuellen Arbeitspunkt eingeht, bewegt sich ein Gelenk entweder links oder rechts des Minimalwertes, abhängig von der Lage des Startpunktes. Es kann also nur ein Minimum relativ zu einem aktuellen Arbeitspunkt gefunden werden, nicht ein absolutes Optimum zu einer TCP-Position. Da nicht die alleinige Optimierung eines Kriteriums das Ziel ist, sondern mehrere Kriterien gleichzeitig betrachtet werden, ist ein Auffinden einer verbesserten Konfiguration in der Nähe eines Arbeitspunktes ausreichend. Eine Orientierung an der "optimalen Konfiguration" bezüglich einer TCP-Position birgt vor allem auch die Gefahr, daß zwischen zwei nahe beieinander liegenden TCP-Positionen große Differenzen in den Sollwinkelwerten auftreten können.

Kriterium *MSV* kombiniert mit einer Basiskonfiguration

In einem weiteren Versuch wird als Basis der Bewegung die Optimierung auf Kreisbogen, die bisher als Vergleich gedient hat, verwendet. Diese Konfiguration soll nun so verändert werden, daß die Geschwindigkeit, die in beliebiger Richtung erreicht werden kann, höher ist. Dabei soll jedoch nur eine begrenzte Abweichung von der Basiskonfiguration "Kreisbogen" zugelassen werden. Die Abweichung wird durch die Wahl der Prioritäten gesteuert. Das kombinierte Kriterium, das beide Ziele miteinander verbindet, lautet nach Abschnitt 3.1:

$$Q = p_{Kb} \cdot Q_{Kb} + p_{MSV} \cdot Q_{MSV} \quad ,$$

$$\begin{aligned}
Kb \quad &: Kreisbogen \quad , \\
MSV \quad &: Minimum\ Singular\ Value, \\
Q \quad &: Zielfunktion \quad , \\
p \quad &: Priorität\ der\ Zielfunktion.
\end{aligned}$$

Anhand der folgenden Tabellen zu den Werten der beiden Zielfunktionen kann die Größenordnung, in der sich die Prioritäten bewegen sollten, abgeschätzt werden. Für die Optimierung auf Kreisbogen wird der Wert der Zielfunktion für eine mittlere Abweichung berechnet, für die Optimierung des Kriteriums MSV ist der Wert der kleineren Halbachse h_a für die Berechnung maßgeblich.

In den Abbildungen 5.34 bis 5.37 sind die Ergebnisse zu verschiedenen Prioritäten p_{kb} und p_{MSV} zu sehen. Vergleicht man die Werte der kleineren

Abweichung x in Grad	Q_{Kb}
5	0.1
10	0.5
15	1.1
20	1.9

Halbachse h_a in Meter/ Steuertakt	Q_{MSV}[1]
0.05	16
0.1	1
0.15	0.197
0.2	0.0625

Ellipsenhalbachse h_a der kombinierten Ziele mit den Werten für Kreisbogen, so ergeben sich für diese über den gesamten Bahnverlauf höhere Werte (Abb. 5.37). Bezüglich der Optimierung auf Kreisbogen wird also eindeutig eine Verbesserung erzielt. Gegenüber der reinen Maximierung der kleineren Ellipsenhalbachse wird durch die Kombination das starke Abfallen der Maximalgeschwindigkeit gegen Bahnende vermieden. Allerdings liegen die Werte im Bereich von 10 bis 14 m etwas unterhalb der reinen Optimierung des Kriteriums MSV. Bei der Forderung nach konstanter Geschwindigkeit entlang einer Bahn sind jedoch nicht die maximal möglichen Geschwindigkeiten, die erreicht werden können, maßgeblich, sondern diejenigen Bahnabschnitte, die die kleinste Maximalgeschwindigkeit innerhalb der Gesamtbahn aufweisen.

Bei einem Vergleich der Kombinationen untereinander zeigt sich, daß man bei einem Verhältnis von 1:5 im Bereich bis ca 19 Meter bessere Werte als bei den anderen Verhältnissen erhält. Bei größeren Distanzen verkleinern sich die Werte jedoch stärker als bei den Verhältnissen 1:2 und 1:3. Da vor allem im Bereich über 19 m, d.h in der Nähe der Singularität, die Einhaltung der Geschwindigkeit kritisch wird, erweist sich ein Verhältnis der Prioritäten, das zwischen 1:2 und 1:3 liegt, als geeigneter.

---

[1] Die Werte des Kriteriums Q_{MSV} wurden mit dem Faktor 104 skaliert. Um eine konstante Geschwindigkeit des TCP von v = 0.4m/s zu erreichen, muß für den Wert der Ellipsenhalbachse h_a > 0.08 gelten. (Bei einem Steuertakt von 0.2 s gilt v = h_a / 0.2).

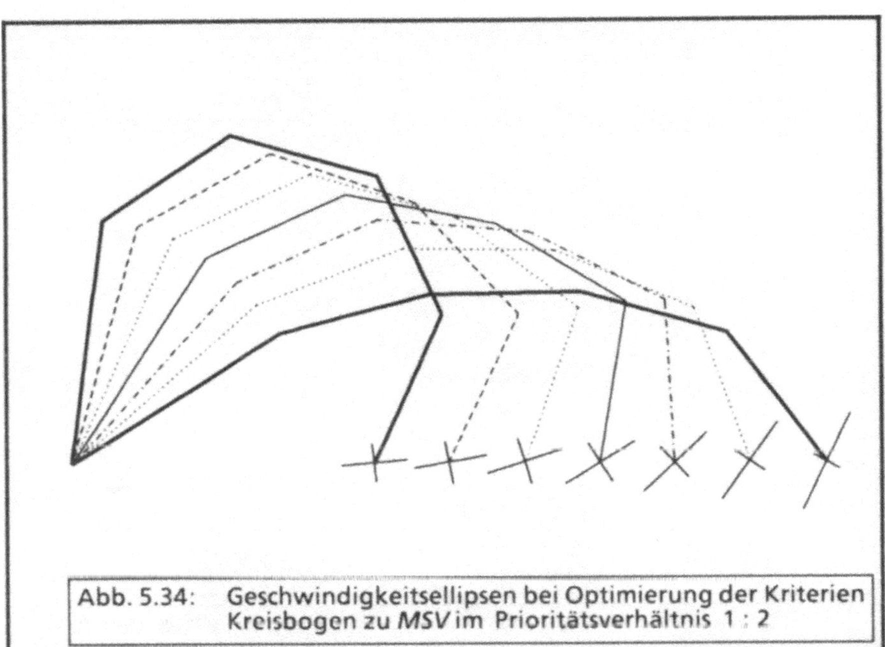

Abb. 5.34:   Geschwindigkeitsellipsen bei Optimierung der Kriterien
Kreisbogen zu *MSV* im Prioritätsverhältnis 1 : 2

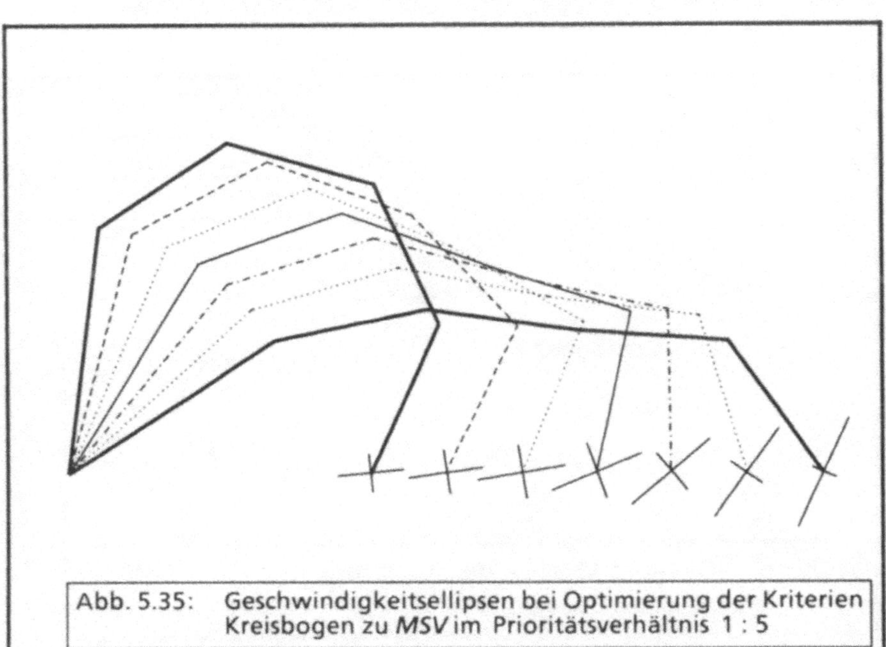

Abb. 5.35:   Geschwindigkeitsellipsen bei Optimierung der Kriterien
Kreisbogen zu *MSV* im Prioritätsverhältnis 1 : 5

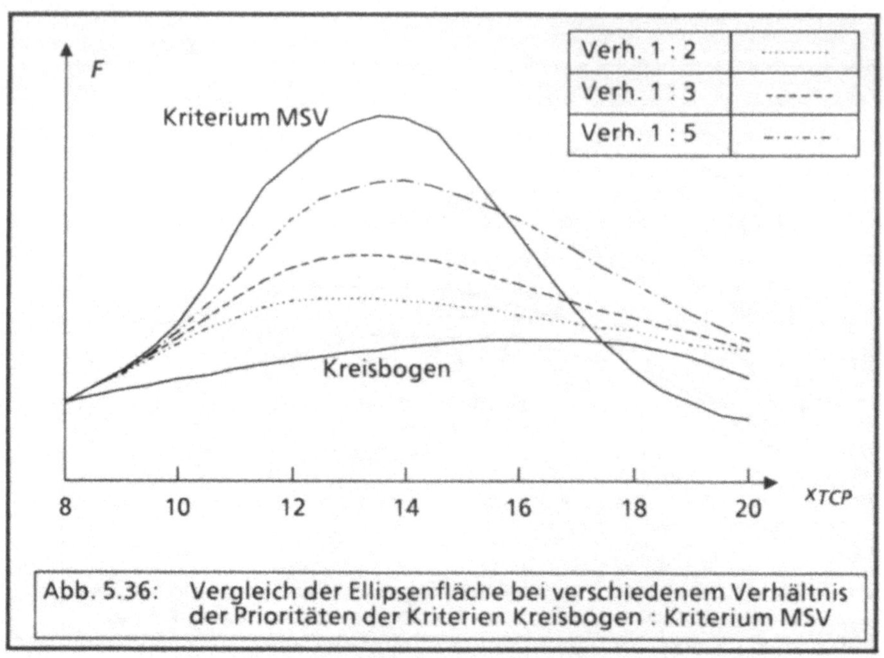

Abb. 5.36: Vergleich der Ellipsenfläche bei verschiedenem Verhältnis der Prioritäten der Kriterien Kreisbogen : Kriterium MSV

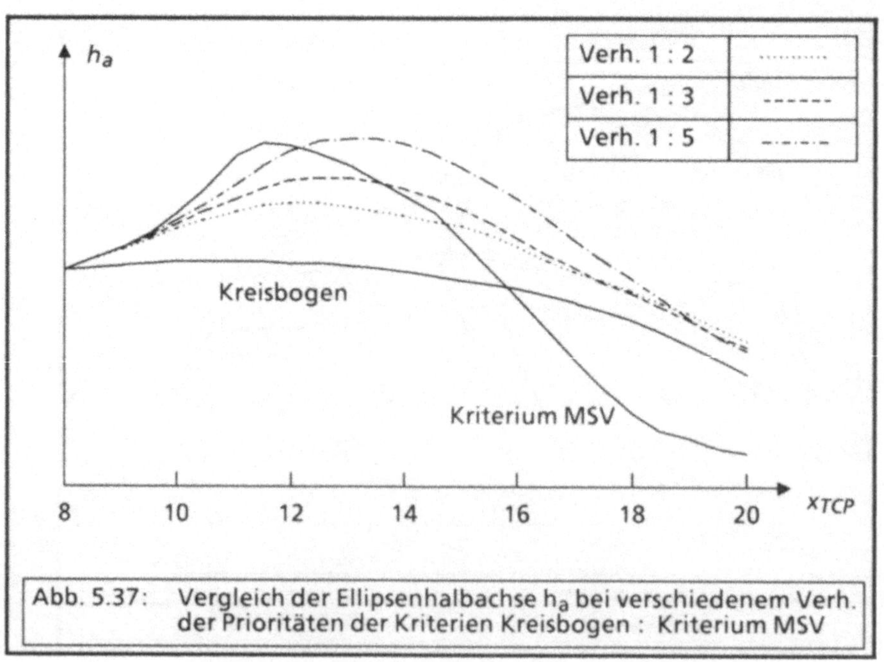

Abb. 5.37: Vergleich der Ellipsenhalbachse h_a bei verschiedenem Verh. der Prioritäten der Kriterien Kreisbogen : Kriterium MSV

Die Ergebnisse des letzten Abschnitts sollen nun anhand einer langen Bahn, die einen häufigeren Richtungswechsel der Manipulatorspitze fordert und die einen großen Teil des Bewegungsbereichs überstreicht, überprüft werden. In Abbildung 5.38 ist die Bahn dargestellt. Um wiederum einen Vergleich zur

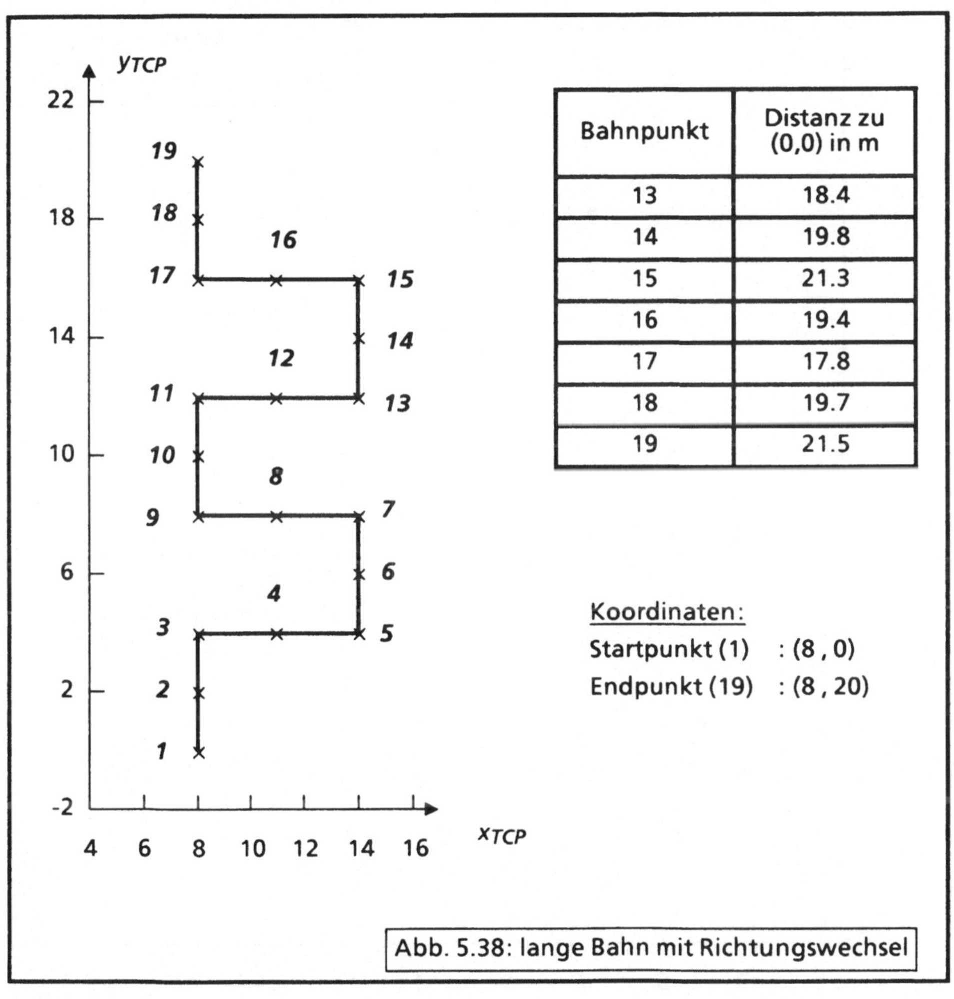

Bahnpunkt	Distanz zu (0,0) in m
13	18.4
14	19.8
15	21.3
16	19.4
17	17.8
18	19.7
19	21.5

Abb. 5.38: lange Bahn mit Richtungswechsel

Optimierung auf Kreisbogen zu erhalten, werden das Ellipsenvolumen und der Wert der kleineren Ellipsenhalbachse an den bezeichneten und durchnumerierten Bahnpunkten aufgezeichnet. Die Geschwindigkeit der Manipulatorspitze beträgt über die gesamte Bahnlänge 0.4 m/s. In den

Eckpunkten wird durch Zirkularinterpolation mit einem Radius von 0,6 m ein abrupter Richtungswechsel vermieden.

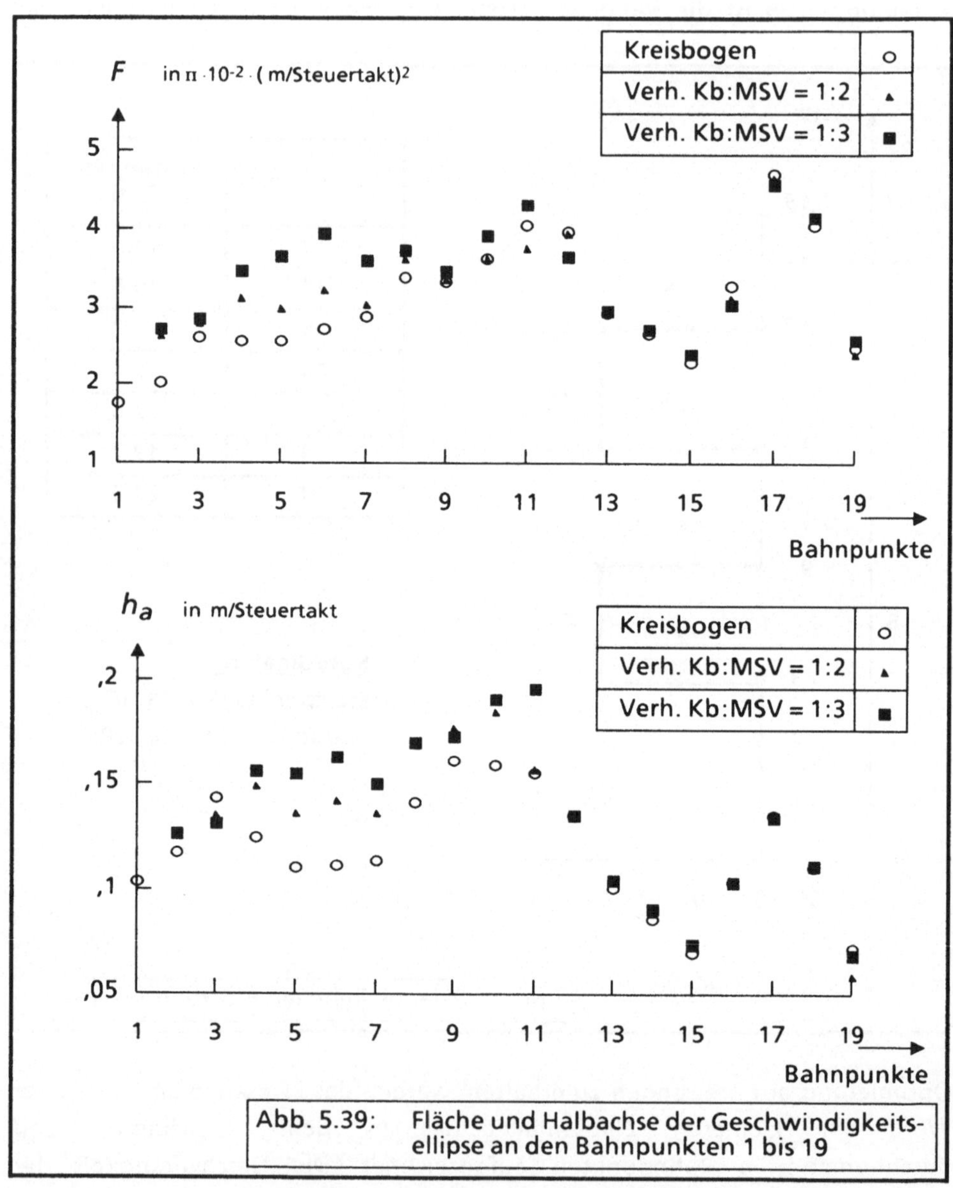

Abb. 5.39: Fläche und Halbachse der Geschwindigkeits-ellipse an den Bahnpunkten 1 bis 19

Bei der Optimierung auf Kreisbogen ist ein starkes Abfallen der Werte der Ellipsenhalbachse h_a zwischen den Bahnpunkten 3 und 8 zu beobachten. Durch eine Optimierung in einem Prioritätsverhältnis von 1:3 kann dieses Abfallen nahezu vermieden werden. Im Bereich der Punkte 12 bis 19 kann jedoch keine nennenswerte Verbesserung mehr festgestellt werden. Da in den Punkten 15 und 19 die maximale Reichweite des Manipulators beinahe erreicht wird, kann dies auch nicht erwartet werden. Fährt man die Bahn nun mit höheren TCP-Geschwindigkeiten, zeigt sich, daß selbst hier noch leichte Verbesserungen erzielt werden. Während bei einer Optimierung auf Kreisbogen eine konstante Geschwindigkeit von 0.5 m/s nicht über die gesamte Bahn möglich ist, kann bei einem Verhältnis der Kriterien von 1:3 immerhin eine konstante Geschwindigkeit von 0.55 m/s durchgehalten werden.

6 Bewertung

In dieser Arbeit wurde gezeigt, daß durch den Einsatz eines Optimierungsverfahrens eine gezielte Steuerung der Gelenkkonfiguration eines redundanten Manipulators hinsichtlich verschiedener Optimierungskriterien möglich ist. Dabei konnten Begrenzungen wie beispielsweise Gelenkanschläge, maximale Gelenkwinkelgeschwindigkeiten und die maximale Leistung berücksichtigt werden. Als Optimierungskriterien wurden die Hindernisvermeidung, das Nachführen einer vorgegebenen Konfiguration und die Geschwindigkeit der Manipulatorspitze gewählt.

Vergleicht man die in dieser Arbeit vorgestellte Vorgehensweise mit der gängigen Methode nach Kapitel 2.1, so ist die Möglichkeit zur Vorgabe beliebiger linearer Einschränkungen der Gelenkwinkeländerungen der als am wichtigsten zu bewertende Vorteil. Bei der Konfigurationsoptimierung nach dem Gradientenverfahren von Rosen werden alle auftretenden Begrenzungen durch die Projektionsmatrix erfaßt. Dadurch ist eine Betrachtung über Grenzwerte bei der Berechnung des Gradienten nicht nötig [Euler]. Treten zusätzliche Begrenzungen auf, so ist eine Erweiterung einfach zu realisieren, da nur eine Änderung innerhalb der Matrix der Restriktionen nötig ist. Sowohl die Bahnplanung als auch die Konfigurationsplanung werden dadurch nicht beeinflußt (vgl. Abb. 2.2).

Zudem erlaubt die Konfigurationsoptimierung aufgrund der Grenzwertbetrachtungen eine bessere Nutzung der zur Verfügung stehenden Leistung und Beweglichkeit der Gelenke. Dies ist zum Beispiel bei der Hindernisvermeidung von großer Bedeutung, da die Konfiguration möglichst schnell geändert werden muß, um nicht mit einem Hindernis zu kollidieren. Häufig ist auch ein schnelles Umkonfigurieren von beispielsweise Kreissehnenstellung zu z-Faltung und umgekehrt, ohne die Position der Manipulatorspitze zu verändern, nötig. Als eine der häufigsten Anwendungen hierzu wurde der Entfaltevorgang vorgestellt. Hierbei wird in jedem Steuerzyklus so lange eine verbesserte Gelenkstellung gesucht, bis aufgrund der Begrenzungen keine Verbesserung mehr möglich ist. Dies wird so lange wiederholt bis die gewünschte Konfiguration erreicht ist.

Eines der Hauptprobleme bei der Anwendung von Optimierungsverfahren ist die meist hohe Rechenzeit bis ein Minimum gefunden wird. Das Hauptziel liegt hier jedoch nicht in einer sehr exakten Ermittlung eines Extremalwertes, sondern lediglich in der Verbesserung eines Funktionswertes, wobei den Variablen des Optimierungsvektors enge Grenzen vorgegeben sind. Es wird also häufig eine Suche nach einem Randminimum vorgenommen, was mit dem Gradientenverfahren nach Rosen nur einer relativ geringen Anzahl an Iterationen bedarf. Befindet sich das Minimum der Zielfunktion innerhalb der Grenzwerte, so kann die optimale Gelenkstellung in der geforderten Genauigkeit mit sehr wenigen Iterationsschritten gefunden werden. Am EMJR ist aufgrund der Auflösung der Winkelmessung eine genauere Berechnung der Gelenkwinkel als 0.01 Grad nicht sinnvoll. Diese Genauigkeit wird erfahrungsgemäß innerhalb von 1 bis 2 Iterationsschritten erreicht.

Bei der Überprüfung der erforderlichen Rechenzeiten für die einzelnen Komponenten hat sich gezeigt, daß bei der Berechnung der Zielfunktionen oft höhere Rechenzeiten auftreten als für die nachfolgende Optimierung. Die Steuerung wurde auf einem Intel 520 mit einem 80386 Prozessor implementiert. Die Optimierung mit Startwert- und Grenzwertberechnungen (vgl. Abb. 2.2) benötigt, abhängig von der Anzahl der durchgeführten Iterationen, eine Rechenzeit von ca. 12-20 ms. Die Rechenzeit für die Konfigurationsplanung, d.h. die Berechnung der Zielfunktionen, ist von der Art und Anzahl der Einzelziele abhängig. Die Rechenzeiten für die Einzelziele gliedern sich wie folgt:

Basiskonfiguration	: 0.5 ms,
ein fester absoluter Gelenkwinkel	: 0.8 ms,
Manipulierbarkeit	: 3.2 ms,
Hindernisvermeidung (ein Parallelepiped)	: ca. 8-11 ms.

Bei der Hindernisvermeidung sind auffallend hohe Rechenzeiten zu verzeichnen. Ursache hierfür sind zum einen die aufwendigen geometrischen Berechnungen, zum anderen variiert die Anzahl der Zielfunktionen pro Hindernis, da bei jedem Hindernis mehrere Kollisionspunkte auftreten können. Bei einer höheren Anzahl an Einzelzielen, insbesondere im Bereich der Hindernisvermeidung, erhöht sich der Bedarf an Rechenzeit stark.

Auch bei einer Ausweitung der Steuerung auf Manipulatoren, die nicht nur in einer Ebene redundant sind, steigt der Aufwand bei der Berechnung der Ziele zum Teil erheblich. Da sich die Zielfunktion der Optimierung jedoch aus vielen voneinander unabhängigen Funktionen zusammensetzt, kann durch parallele Berechnung und Erweiterung der Hardware auch bei komplexeren Problemstellungen dem Rechenzeitproblem entgangen werden. Da die

Bahnplanung und die Konfigurationsplanung (vgl. Abb. 2.2) voneinander unabhängig sind, bestehen auch hier Möglichkeiten zur Parallelisierung.

Ein weiterer Vorteil ist die Möglichkeit komplexe Problemstellungen in Teilprobleme zu zerlegen. Diese werden dann getrennt als Ziele der Optimierung formuliert und durch gewichtete Addition wieder in eine Gesamtfunktion überführt. Treten neue Anforderungen als Teilaufgaben auf, so können diese sehr einfach eingefügt werden, ohne dabei Änderungen im Gesamtsystem zu erfordern. Durch die Möglichkeit der freien Vorgabe einer Basiskonfiguration, sowie der Wahl der Prioritäten, kann eine Vielfalt von Aufgaben gelöst werden, ohne eine Änderung der Software. Die Beispiele des 5. Kapitels haben gezeigt, daß durch die Kombination mehrerer Ziele sogar eine Verbesserung des gesamten Verhaltens erzielt werden kann. Durch die Kombination Basiskonfiguration - Hindernisvermeidung konnte auch im Bereich des Hindernisses noch Einfluß auf die Gelenkstellung ausgeübt werden. Die Verbindung der Basiskonfiguration mit einer Optimierung der Manipulierbarkeit, brachte eine Erhöhung der maximal möglichen konstanten Geschwindigkeit auch über lange Bahnen. In beiden Fällen wurde nur so weit als nötig von der vom Benutzer geforderten Konfiguration abgewichen. Dadurch bleiben die Vorteile einer Festlegung der Konfiguration, wie Sicherheit und einfache Beobachtbarkeit erhalten.

Die Planung der Konfiguration wird nur für den Zeitraum eines Steuertaktes durchgeführt. Dies erspart aufwendige Vorausberechnungen, die aufgrund der nichtlinearen Begrenzungen der Gelenkwinkelgeschwindigkeiten sehr komplex wären. In einigen wenigen Situationen kann sich die fehlende globale Strategie jedoch nachteilig auswirken. Bei der Änderung der Konfiguration von z-Faltung in Kreisbogen sind beispielsweise in manchen Positionen der Manipulatorspitze Probleme aufgetreten. Auch bei der Hindernisvermeidung kann es zu umständlicheren Bewegungsabläufen als nötig führen. Bei der hier vorgestellten Hindernisvermeidung wurde von vorab bekannten Objekten ausgegangen. Die Zielfunktion kann jedoch ebenso auf der Basis von Sensorinformationen berechnet werden. In diesem Fall würde eine Strategie, die globaleren Charakter hat, keine Vorteile bringen, da zukünftige Informationen über die Art und Lage der Hindernisse fehlen.

Faßt man die Eigenschaften der Konfigurationsoptimierung zusammen, so ergeben sich folgende charakteristische Merkmale:

1. Die Konfigurationsoptimierung ist keine globale Strategie zur Suche einer optimalen Trajektorie über längere Zeiträume. Nur innerhalb kleiner Zeiteinheiten wird eine verbesserte Gelenkstellung gesucht.

2. Forderungen an die Konfiguration werden durch quadratische Zielfunktionen formuliert. Komplexe Problemstellungen können in mehrere Anforderungen zerlegt und durch gewichtete Addition von einfach zu berechnenden Einzelzielen ersetzt werden.

3. Durch die Projektionsmatrix und die Wahl des Gewichtungsfaktors ist eine Einhaltung aller gewünschten Begrenzungen möglich. Dabei führt die Erhöhung der Anzahl der Restriktionen nur zu einem geringen Mehraufwand.

4. Treten neue Anforderungen an den Manipulator auf, so können diese in einfacher Weise durch die Formulierung neuer Zielfunktionen integriert werden.

5. Es ist eine Behandlung komplexer Aufgabenstellungen in Echtzeit möglich. Setzt man eine begrenzte Anzahl von Hindernissen voraus, so kann der in der EMJR-Steuerung vorgegebene Steuerzyklus von 0,2 s problemlos eingehalten werden.

6. Der Benutzer kann durch Verändern der Prioritäten die Nutzung der Redundanz auf die jeweilige Aufgabenstellung abstimmen.

Das Beispiel in Kapitel 2.1 legt nahe, über den Ausbau der Steuerung durch weitere Zielfunktionen nachzudenken. Derzeit sind neben den vorgestellten Möglichkeiten die Ziele konstante Gelenkwinkelgeschwindigkeit und Vermeidung von Eigenkollisionen implementiert. Die Funktionsweise der ersten Zielfunktion kann jedoch optisch nur schwer dargestellt werden. Die Vermeidung von Eigenkollisionen ist nur nötig, wenn beispielsweise aufgrund von Hindernissen sehr weit von der Basiskonfiguration abgewichen wird. Hier besteht zum einen das Problem eine derartige Situation herbeizuführen, zum anderen entspricht das Vorgehen der Methode zur Hindernisvermeidung. Die Veränderung der Konfiguration dahingehend, daß eine möglichst hohe

Aufnahme von Kräften möglich ist, wurde bislang nicht untersucht. Es gibt jedoch Bewertungskriterien, analog den Kriterien zur Bewertung der Geschwindigkeit bzw. Manipulierbarkeit, die eventuell auch in der Konfigurationsoptimierung erfolgreich angewandt werden können.

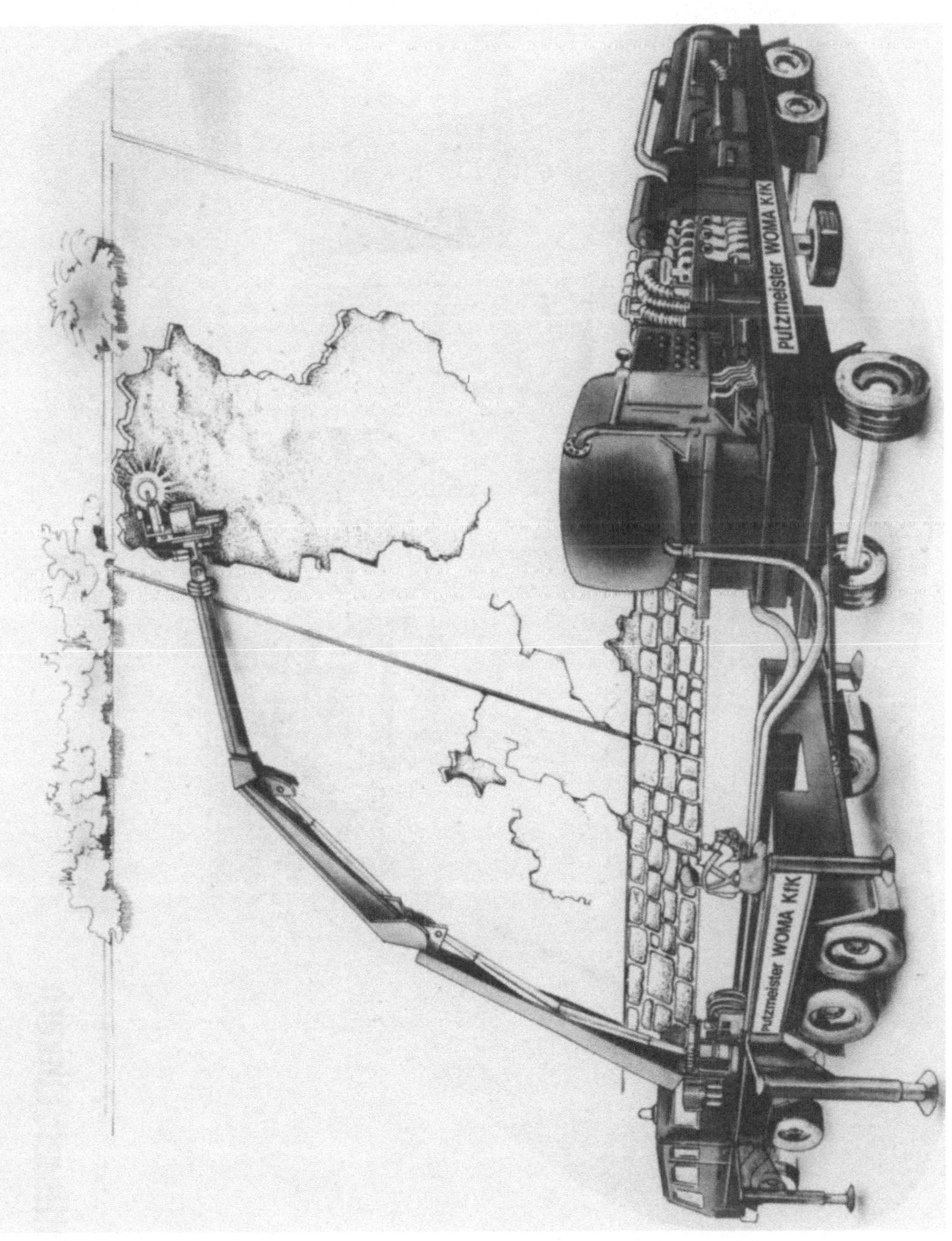
putzmeister WOMA KfK
Putzmeister WOMA KfK

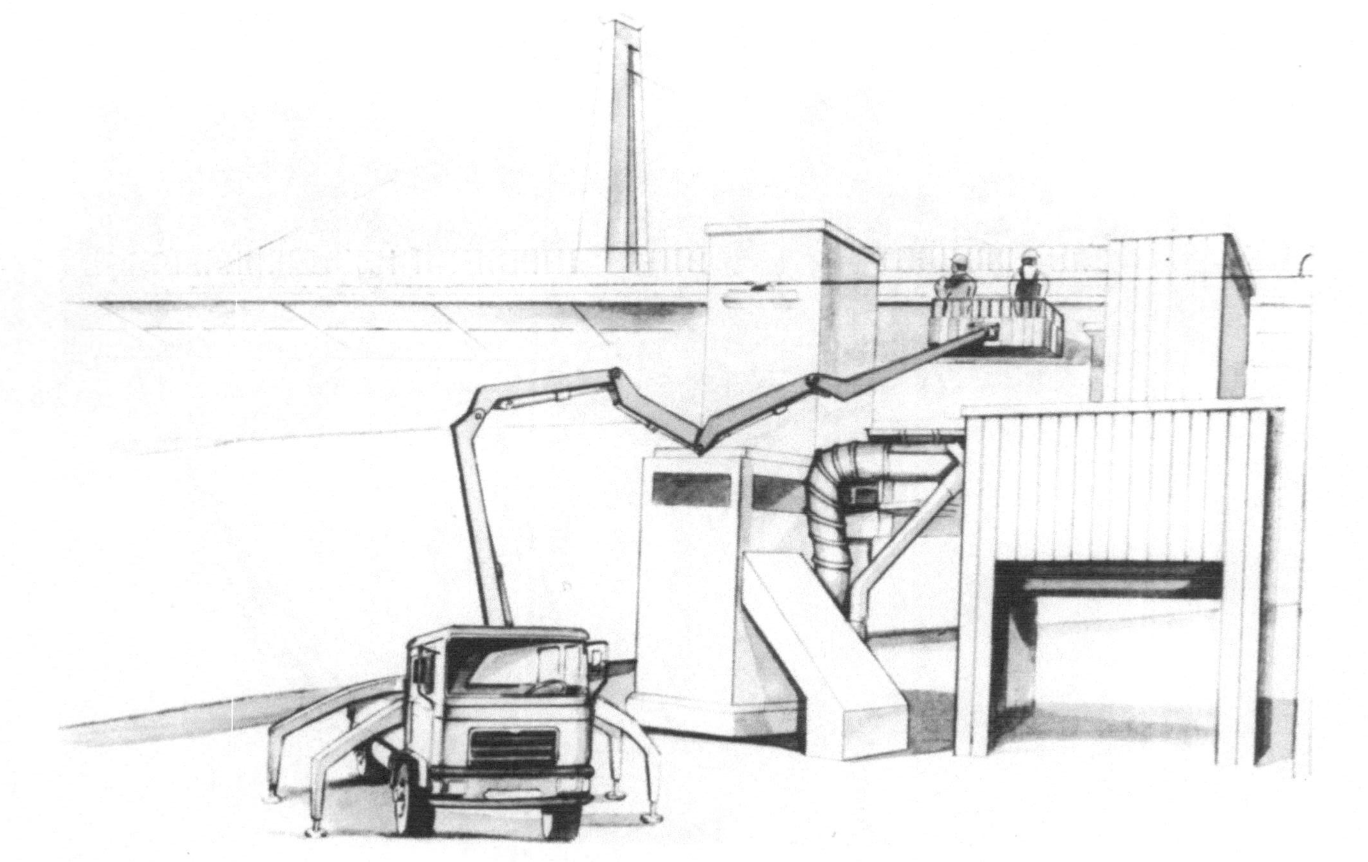

EMIR mit Liftkorb

EMIR als Flächenbetonierer

Anhang B

Winkeldefinitionen

Für die Beschreibung der Gelenkstellung wurden am EMJR zwei Winkeldefinitionen vereinbart. In der Darstellung B1 wurde die Bezeichnung α für relative und β für absolute Winkel verwendet. Die absoluten Winkel β_i sind auf die r-Achse bezogen. Die relativen Winkel α_i beschreiben die Stellung eines Glieds bezogen auf das davorliegende Glied i -1. Die Grundstellung ist vertikal.

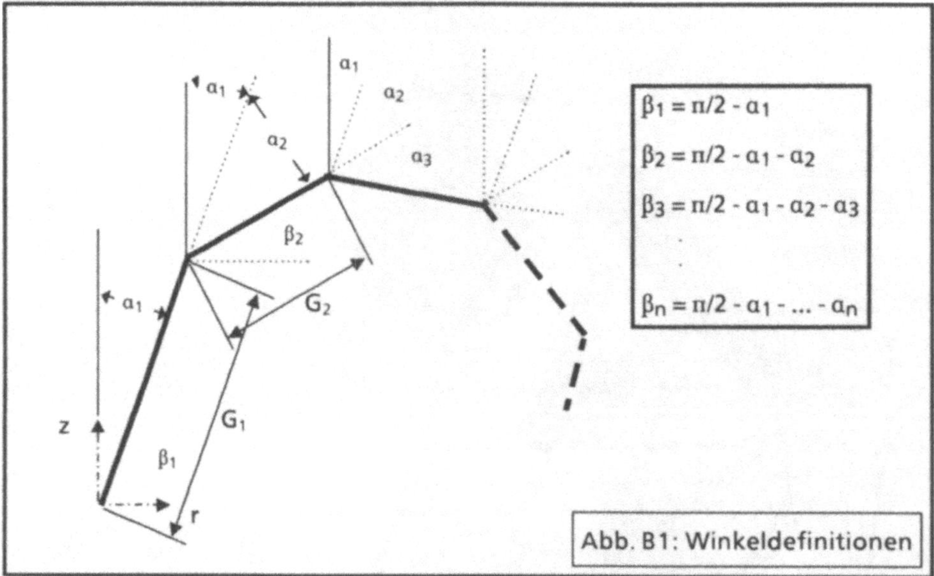

Abb. B1: Winkeldefinitionen

Transformationsmatrizen

Die Umrechnung der relativen Winkeländerungen $d\underline{\alpha}$ in absolute Winkeländerungen $d\underline{\beta}$ und umgekehrt kann mit Abb. B1 ermittelt werden.

Es gilt:

$$d\underline{\beta} = \underline{T}_{ra} \cdot d\underline{\alpha} \qquad \text{und}$$

$$d\underline{\alpha} = \underline{T}_{ar} \cdot d\underline{\beta} \qquad \text{mit}$$

$$\underline{T}_{ra} = \begin{bmatrix} -1 & 0 & 0 & 0 & 0 \\ -1 & -1 & 0 & 0 & 0 \\ -1 & -1 & -1 & 0 & 0 \\ -1 & -1 & -1 & -1 & 0 \\ -1 & -1 & -1 & -1 & -1 \end{bmatrix}$$

$$\underline{T}_{ar} = \begin{bmatrix} -1 & 0 & 0 & 0 & 0 \\ 1 & -1 & 0 & 0 & 0 \\ 0 & 1 & -1 & 0 & 0 \\ 0 & 0 & 1 & -1 & 0 \\ 0 & 0 & 0 & 1 & -1 \end{bmatrix}$$

Berechnung der Jacobimatrix für EMJR

Betrachtet man den zweidimensionale Fall von n Gelenken in der r/z- Ebene, dann berechnet sich die Postion (r,z) der Manipulatorspitze nach Abb. B1 durch

$$r = \sum_{i=1}^{n} G_i \cdot \cos \beta_i$$

$$z = \sum_{i=1}^{n} G_i \cdot \sin \beta_i$$

mit G_i als Längen des Gliedes i.

Die Jacobimatrix für die Berechnung der Wegänderung

$$d\underline{r} = \underline{J}^* \cdot d\underline{\beta} \qquad \text{und} \qquad d\underline{r} = (dr, dz)^T$$

bei Winkeländerungen $d\underline{\beta}$ ergibt sich durch

$$\underline{J}^* = \begin{bmatrix} \dfrac{dr}{d\underline{\beta}} \\[2ex] \dfrac{dz}{d\underline{\beta}} \end{bmatrix} = \begin{bmatrix} -G_1 \cdot \sin\beta_1 & -G_2 \cdot \sin\beta_2 & \ldots & -G_n \cdot \sin\beta_n \\[2ex] G_1 \cdot \cos\beta_1 & G_2 \cdot \cos\beta_2 & \ldots & G_n \cdot \cos\beta_n \end{bmatrix}.$$

Bei relativen Winkeländerungen $d\underline{\alpha}$ ergibt sich die Wegänderung durch

$$d\underline{r} = \underline{J}^* \cdot d\underline{\beta} = \underline{J}^* \cdot \underline{T}_{ra} \cdot d\underline{\alpha}$$

Die Jacobimatrix

$$\underline{J} = \underline{J}^* \cdot \underline{T}_{ra}$$

wird zu

$$\underline{J} = \begin{bmatrix} -\displaystyle\sum_{i=1}^{n} G_i \cdot \sin\beta_i & -\displaystyle\sum_{i=2}^{n} G_i \cdot \sin\beta_i & \ldots & -G_n \cdot \sin\beta_n \\[3ex] \displaystyle\sum_{i=1}^{n} G_i \cdot \cos\beta_i & \displaystyle\sum_{i=2}^{n} G_i \cdot \cos\beta_i & \ldots & G_n \cdot \cos\beta_n \end{bmatrix}$$

mit $\quad \beta_i = \pi/2 - \displaystyle\sum_{k=1}^{i} \alpha_k$

Ableitungen der Jacobimatrix

Die Jacobimatrix wird in zwei Spaltenvektoren zerlegt und nach den Winkeln α_i abgleitet:

$$\underline{J} = (\underline{j}_r, \underline{j}_z)^T$$

$$\frac{d\underline{j}_r}{d\underline{\alpha}} = - \begin{bmatrix} \sum_{i=1}^{n} G_i \cdot \cos \beta_i & \sum_{i=2}^{n} G_i \cdot \cos \beta_i & \cdots & G_n \cdot \cos \beta_n \\ \sum_{i=2}^{n} G_i \cdot \cos \beta_i & \sum_{i=2}^{n} G_i \cdot \cos \beta_i & \cdots & G_n \cdot \cos \beta_n \\ \vdots & \vdots & & \vdots \\ G_n \cdot \cos \beta_n & G_n \cdot \cos \beta_n & \cdots & G_n \cdot \cos \beta_n \end{bmatrix}$$

$$\frac{d\underline{j}_z}{d\underline{\alpha}} = - \begin{bmatrix} \sum_{i=1}^{n} G_i \cdot \sin \beta_i & \sum_{i=2}^{n} G_i \cdot \sin \beta_i & \cdots & G_n \cdot \sin \beta_n \\ \sum_{i=2}^{n} G_i \cdot \sin \beta_i & \sum_{i=2}^{n} G_i \cdot \sin \beta_i & \cdots & G_n \cdot \sin \beta_n \\ \vdots & \vdots & & \vdots \\ G_n \cdot \sin \beta_n & G_n \cdot \sin \beta_n & \cdots & G_n \cdot \sin \beta_n \end{bmatrix}$$

Anhang C

Maximale Gelenkwinkelgeschwindigkeiten der Achsen beim EMJR

Die maximale Geschwindigkeit der Hydraulikzylinder ist unabhängig von der aktuellen Stellung, kann also als konstant angenommen werden. Aufgrund der nichtlinearen Übersetzung der Zylindergeschwindigkeit zur Gelenkwinkelgeschwindigkeit muß jedoch die maximal mögliche Gelenkgeschwindigkeit durch eine nichtlineare Gleichung angenähert werden. Durch ein Polynom 5.Grades kann eine ausreichende Genauigkeit erreicht werden. Die maximale Gelenkwinkelgeschwindigkeit eines Gelenks wird durch

$$\omega_{Ei,max} = v_z \cdot f \cdot \ddot{U}_n (\alpha_i) \qquad ,$$

$$v_z \qquad : \text{Zylindergeschwindigkeit,}$$
$$f \qquad : \text{Anfangsübersetzung,}$$
$$\ddot{U}_n(\alpha_i) : \text{Normierte Übersetzungskurve für das Gelenk i}$$

berechnet. Die normierten Übersetzungen sind in Abb. C1 für die Gelenke 1 bis 5 dargestellt. Die zugehörigen Werte der Zylindergeschwindigkeit und der Anfangsübersetzung sind in Tabelle C2 zusammengefaßt. Tabelle C1 enthält die Koeffizienten a_0 bis a_5 der normierten Übersetzung

$$\ddot{U}_n (\alpha_i) = a_0 + a_1 \cdot \alpha_i + a_2 \cdot \alpha_i^2 + a_3 \cdot \alpha_i^3 + a_4 \cdot \alpha_i^4 + a_5 \cdot \alpha_i^5$$

Gelenk Nr i	a_0	a_1	a_2	a_3	a_4	a_5
1	2.9072	-3.2191	2.1005	-0.71844	0.12094	-0.007644
2	1.1690	-2.5323	2.8218	-1.4797	0.37655	-0.03747
3	0.087108	6.6936	-6.3385	2.3240	-0.39207	0.025855
4	1.0195	-1.5249	1.0802	-0.38315	0.080542	-0.007243
5	1.2317	-2.4278	2.3283	-1.0358	0.22587	-0.018682

Tab. C1: Polynomkoeffizienten

Gelenk Nr i	Anfangs-übersetzung f in $\mathrm{Grad}/\mathrm{mm}$	Zylindergeschwindigkeit v_z in mm/s
1	0.10491	20.4
2	0.35897	20.4
3	0.31566	20.4
4	0.47030	31.8
5	0.44802	46.8

Tab. C2: Anfangsübersetzung und maximale Zylindergeschwindigkeit

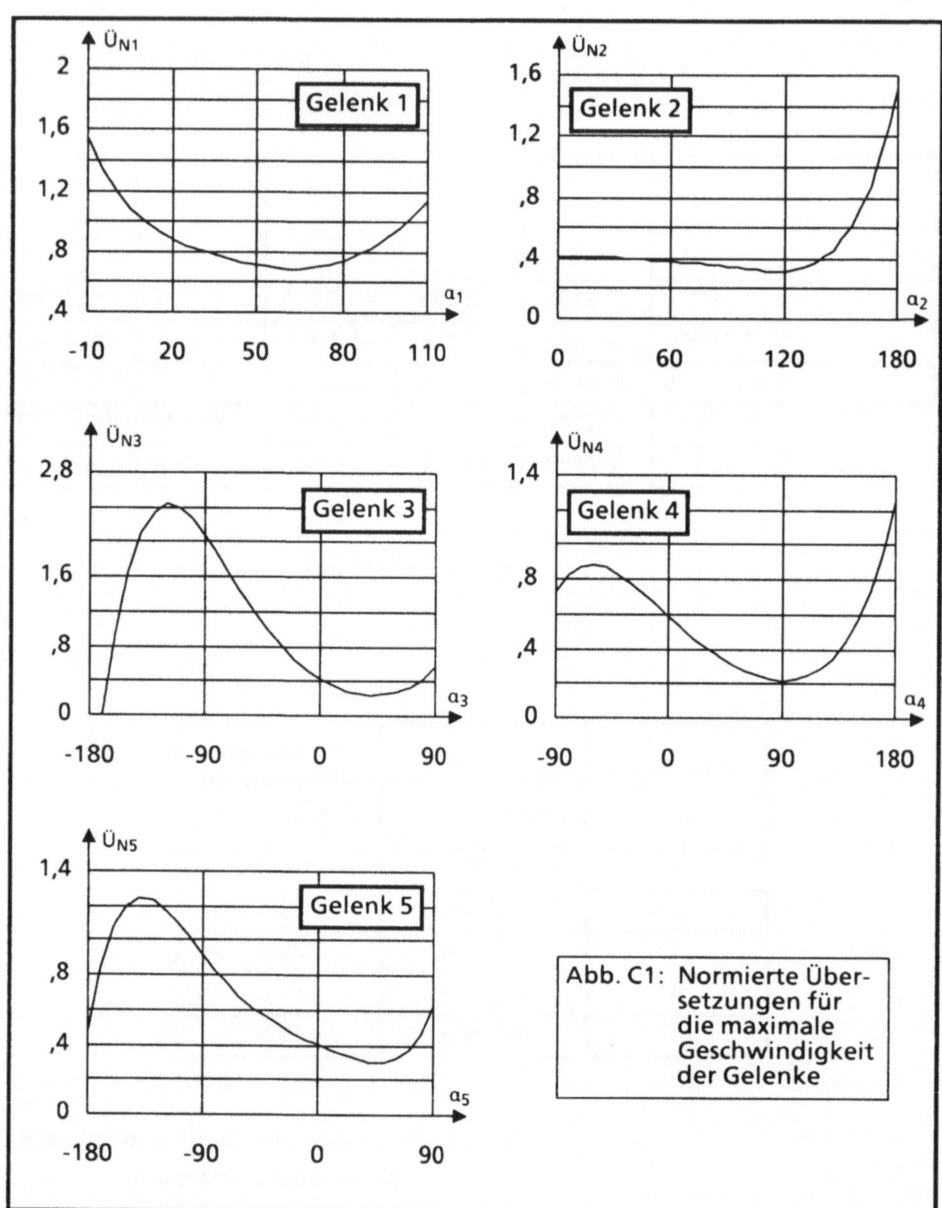

ÜN1
Gelenk 1
α1
ÜN2
Gelenk 2
α2
ÜN3
Gelenk 3
α3
ÜN4
Gelenk 4
α4
ÜN5
Gelenk 5
α5
Abb. C1: Normierte Über-
setzungen für
die maximale
Geschwindigkeit
der Gelenke

Anhang D

Tabellen zur Vorgabe von Basiskonfigurationen

Die Werte r_d dieser Tabellen werden durch die Funktion $r_d = f(\xi)$ nach Kapitel 5.2.3 berechnet.

Gleiche Winkel für Gelenke 2 bis 5   *z-Faltung*

r_d in Meter	ξ in Grad	r_d in Meter	ξ in Grad
22.937901	0.000000	22.937901	0.000000
22.917587	1.625000	22.921759	4.500000
22.856705	3.250000	22.873367	9.000000
22.755432	4.875000	22.792820	13.500000
22.614052	6.500000	22.680271	18.000001
22.432968	8.125000	22.535946	22.500001
22.212698	9.750000	22.360125	27.000001
21.953869	11.375000	22.153158	31.499999
21.657219	13.000001	21.915461	36.000001
21.323591	14.625001	21.647509	40.500003
20.953938	16.250000	21.349852	45.000005
20.549309	17.875000	21.023102	49.500007
20.110861	19.499999	20.667946	54.000008
19.639837	21.124998	20.285141	58.500010
19.137579	22.749998	19.875525	63.000012
18.605520	24.374997	19.440006	67.500014
18.045172	25.999996	18.979584	72.000016
17.458134	27.624996	18.495352	76.500017
16.846075	29.249995	17.988489	81.000019
16.210745	30.874996	17.460293	85.500021
15.553962	32.499997	16.912178	90.000023
14.877604	34.124998	16.345695	94.500025
14.183620	35.749999	15.762548	99.000027
13.474014	37.375000	15.164618	103.500028
12.750850	39.000001	14.554002	108.000030
12.016247	40.625002	13.933046	112.500032
11.272388	42.250003	13.304404	117.000034
10.521518	43.875004	12.671094	121.500036
9.765963	45.500005	12.036596	126.000038
9.008132	47.125006	11.404948	130.500039
8.250568	48.750007	10.780887	135.000041
7.495979	50.375008	10.170007	139.500043
6.747332	52.000009	9.578951	144.000045
6.007995	53.625010	9.015614	148.500047
5.281983	55.250011	8.489321	153.000049
4.574429	56.875013	8.010926	157.500050
3.892453	58.500010	7.592698	162.000052
3.246925	60.125008	7.247840	166.500054
2.656063	61.750005	6.989483	171.000056
2.152484	63.375003	6.829112	175.500058
1.792991	65.000001	6.774700	180.000060

Anhang E

Übersichtstabelle zu den Zielfunktionen

$Q = \underline{p}^T \cdot d\underline{\theta} + d\underline{\theta}^T \cdot \underline{C} \cdot d\underline{\theta}$ (Zielfunktion) / Zielvorgabe	Kapitel	$\underline{p}^T = (p_1, \dots p_n)$	$\underline{C} = \begin{bmatrix} c_{11} & \cdots & c_{1n} \\ \vdots & & \vdots \\ c_{n1} & \cdots & c_{nn} \end{bmatrix}$	Erläuterungen
Vorgabe eines Gelenkwinkels $\underline{\theta}_{i,soll}$ für ein Gelenk i		$p_i = -2 \cdot (\theta_{i,soll} - \theta_{i,akt})$	$\underline{C} = \underline{0}$, $c_{ii} = 1$	aktuelle Gelenkwinkel: $\underline{\theta}_{akt} = (\underline{\theta}_{1,akt}, \dots \underline{\theta}_{n,akt})$
Vorgabe der Winkelgeschwindigkeit $\omega_{i,soll}$ für ein Gelenk i	4.1.1 5.2	$p_i = -2 \cdot \omega_{i,soll} \cdot \Delta t$	$\underline{C} = \underline{0}$, $c_{ii} = 1$	Steuerzyklus : Δt
Vermeidung eines Gelenkwinkels $\underline{\theta}_{i,krit}$ für ein Gelenk i		$p_i = 2 \cdot (\theta_{i,krit} - \theta_{i,akt})$	$\underline{C} = \underline{0}$, $c_{ii} = -1$	Schreibweise: $\underline{C} = \underline{0}$, $c_{ii} = 1$ bedeutet die Matrix $\underline{C}$ entspricht einer Matrix, deren Elemente 0 sind, bis auf das Element c_{ii}
Ausweichen einer Position $\underline{x}_p$		$\underline{p} = (\underline{x}_p + d\underline{x}_p - \underline{x}_{q,i}) \cdot \underline{J}_i$	$\underline{C} = -\underline{J}_i^T \cdot \underline{J}_i$	$\underline{x}_p$: Position im Raum in kart. Koordinaten
Annähern an eine Position $\underline{x}_p$	4.1.2 5.3	$\underline{p} = -(\underline{x}_p + d\underline{x}_p - \underline{x}_{q,i}) \cdot \underline{J}_i$	$\underline{C} = +\underline{J}_i^T \cdot \underline{J}_i$	$d\underline{x}_p$: Wegänderung von $\underline{x}_p$ innerhalb Δt
Abstoßung zweier Manipulatorglieder i und k		$\underline{p} = (\underline{x}_{q,i} - \underline{x}_{q,k}) \cdot \underline{J}_{i,k}$ $\underline{J}_{i,k} = \underline{J}_i - \underline{J}_k$	$\underline{C} = +\underline{J}_{i,k}^T \cdot \underline{J}_{i,k}$	$\underline{x}_{q,i}, \underline{x}_{q,k}$: Positionen auf einem Manipulatorglied i, bzw. k
Manipulierbarkeit M	4.1.3 5.4	$\underline{p} = 2 \cdot M(\underline{\theta}_{ist}) \cdot \underline{v}$ $\underline{v} = \left. \dfrac{dM(\underline{\theta})}{d\underline{\theta}} \right\vert_{\underline{\theta} = \underline{\theta}_{ist}}$	$\underline{C} = \underline{v} \cdot \underline{v}^T$	M : Kriterien nach Kap. 5.4.1

Symbole und Abkürzungen

Abkürzungen:

TCP	Tool Center Point
EMJR	Extended Multi Joint Robot
MSV	Minimum Singular Value
CN	Condition Number
JRAE	Joint Range Availibility with Euclidean Norm
Kb	Kreisbogen

Symbole:

θ	Gelenkstellung
$\dot{\theta}$	Gelenkgeschwindigkeit
$\ddot{\theta}$	Gelenkbeschleunigung
ω_{max}	maximale Gelenkgeschwindigkeit
$\dot{\omega}_{max}$	maximale Gelenkbeschleunigung
$\omega_{E,max}$	maximale Gelenkwinkelgeschwindigkeit am EMJR
ω_{soll}	Soll - Gelenkgeschwindigkeit
$\underline{\alpha}$	Vektor der Gelenkwinkel in relativer Winkelzählweise
$\underline{\beta}$	Vektor der Gelenkwinkel in absoluter Winkelzählweise
$d\underline{\alpha}, d\underline{\beta}$	Vektor der Gelenkwinkeländerungen, relativ und absolut
$\underline{J}$	Jacobimatrix
$\underline{x}$	Position der Manipulatorspitze in kartesischen Koordinaten
$\underline{\dot{x}}$	Geschwindigkeit der Manipulatorspitze
$d\underline{x}$	Wegänderung der Manipulatorspitze
$\underline{X}$	Optimierungsvektor
$\underline{g}$	Gradientenvektor
$\underline{g}_{proj}$	projizierter Gradientenvektor $\underline{g}$
Q	Funktionswert der Zielfunktion
γ	Schrittweite
μ	Gewichtungsfaktor
$\underline{P}$	Projektionsmatrix
$\underline{W}$	Gewichtungsmatrix
$\underline{T}_{ar}, \underline{T}_{ra}$	Transformationsmatrizen für Winkelzählweise

$\underline{A}$	Matrix aller Restriktionen
$\underline{A}_1, \underline{A}_2, \underline{A}_q, \underline{A}_l$	Teilmatrizen von $\underline{A}$
q	Anzahl der aktiven Restriktionen
l	Anzahl der nicht aktiven Restriktionen
L_{hydr}	hydraulische Leistung
D	Öldurchfluß
$\underline{G}$	Länge der Manipulatorglieder
$\underline{p}$	Prioritätenvektor zur Gewichtung der Zielfunktionen
$\underline{f}$	Gütevektor
$\underline{A}^+$	Pseudoinverse der Matrix $\underline{A}$
$\underline{A}^T$	Transponierte der Matrix $\underline{A}$
$\underline{A}^{-1}$	Inverse der Matrix $\underline{A}$
$\underline{E}$	Einheitsmatrix
$|\cdot|$	Norm / Betrag eines Vektors

Literatur

Literatur zur Robotertechnik und EMJR

[Heine]   Herbert Heinemann
              Einführung in die Industrierobotertechnik
              Vulkan-Verlag, Essen, 1986

[Geng]   U.Gengenbach, F.Eberle, W.Jacob, A.Höfer
              Überblick über Entwicklungsarbeiten für den Großraummanipulator
              EMJR am Beispiel von Betonsanierungarbeiten
              1. Statusbericht des Arbeitsschwerpunktes Handhabungstechnik des
              Kernforschungszentrums Karlsruhe, Nov 1990

Literatur zur Optimierung und math. Grundlagen

[Bron]   Bronstein, Semendjajew
              Taschenbuch der Mathematik
              Verlag Harry Deutsch, Thun und Frankfurt (Main)

[Zur]   R. Zurmühl
              Praktische Mathematik für Ingenieure und Physiker
              Springer-Verlag 1965

[Dück]   Werner Dück
              Optimierung unter mehreren Zielen
              Vieweg, 1979

[Esch]   H.Eschenauer, J.Koski, A.Osyczka
              Multicriteria Design Optimization
              Springer - Verlag

[Künzi]   H.P.Künzi, W.Krelle, R.von Randow
              Nichtlineare Programmierung
              Springer-Verlag Berlin Heidelberg New York 1979

[Maess]   Gerhard Maess
              Vorlesungen über numerische Mathematik 1
              Lineare Algebra
              Birkhäuser Verlag, 1985

[Noble]   B. Noble, J.W. Daniel
              Applied Linear Algebra
              Prentice - Hall International Editions, New Jersey, 1977

[Rosen1]   J. B. Rosen
            Nonlinear Programming. The Gradient Projection Method
            American Mathematical Society, 63 (1957),
            Abstract No.80, Seite 25 - 26

[Rosen]   J. B. Rosen
            The Gradient Projection Method for Nonlinear Programming
            Journal of the Society for Industrial and Applied Mathematics
            März 1960, Vol. 8, No. 1

[Wolfe]   Philip Wolfe
            Methods of Nonlinear Programming
            Recent Advances in Mathematical Programming
            McGraw-Hill Book Company, inc., 1962

Literatur zu redundanten Manipulatoren

Hindernisvermeidung

[Klein-2]   C. A. Klein
              Use of Redundancy in the Design of Robotic Systems
              The 2nd International Symposium of Robotic Research,
              Kyoto Japan, Seite 58 - 65

[Macie -2]   A. A. Maciejewski, C. A. Klein
              Obstacle Avoidance for Kinematically Redundant Manipulators in
              Dynamically Varying Environments
              The International Journal of Robotic Research, (1985), Vol.2, No.3

Optimierung des Energieverbrauchs

[Whit]   D. E. Whitney
            Resolved Motion Rate Control of Manipulators and Human
            Prostheses
            IEEE Transactions on Man Machine Systems MMS-9, 1968

[Colb]   R. D. Colbaugh
            A Dynamic Approach To Resolving Manipulator Redundancy in
            Real Time
            IASTED International Symposium

Manipulierbarkeit und Singularitäten

[Yosh]   T. Yoshikawa
              Manipulability and redundancy control of robotic mechanisms
              Proc. IEEE International Conference on Robotics and Automation,
              (1985), Seite 1004 - 1009

              Manipulability of robotic mechanisms
              Automation Research Laboratory, Seite 439 - 445

[Dubey]   R. Dubey, John Y. S. Luth
              Redundant Robot Control Using Task Based Performance Measures
              Journal of Robotic Systems 5 (5), (1988), Seite 409 - 432

              Redundant Robot Control for higher flexibility
              Proc. IEEE International Conference on Robotics and Automation,
              (1987), Seite 1066 - 1072

[Chiu]   S. L. Chiu
              Control of redundant manipulators for Task Compatibility
              Proc. IEEE International Conference on Robotics and Automation,
              (1987), Seite 1718 - 1724

[Klein-1a] C. A. Klein, B. E. Blaho
              Dexterity Measures for the Design and Control of Kinematically
              Redundant Manipulators
              The International Journal of Robotic Research, (1987), Vol.6, No.2

[Klein-1b] C. A. Klein, A. I. Chirco
              Dynamic Simulation of a Kinematically Redundant Manipulator
              System
              Journal of Robotic Systems 4 (1), (1987), Seite 5 - 23

[Macie -1]   A.A. Maciejewski, C. A. Klein
              Singular Value Decomposition: Computation and Applications to
              Robotics
              The International Journal of Robotic Research, (1987), Vol.8, No.6

Sonstige

[Nench]   D. N. Nenchev
              Redundancy Resolution through Local Optimization: A Review
              Journal of Robotic Systems 6 (6), (1989), Seite 769 - 798

[Lig]   A. Ligois
              Automatic Supervisory Control of the Configuration and Behavior of
              Multibody Mechanisms
              IEEE Transactions on Systems, Man and Cybernetics SMC 7, 1977

[Euler]   R.V. Dubey, J.A. Euler, S.M. Babcock
              An efficient gradient projection optimization scheme for a seven-
              degree-of-freedom redundant robot with spherical wrist.
              Proc. IEEE International Conference on Robotics and Automation,
              (1988), Seite 28 - 36

Robuste Regelung eines elastischen Teleskoparmroboters

von Jürgen Cordes

1992. XII, 138 Seiten. (Fortschritte der Robotik, hrsg. von Walter Ameling und Manfred Weck; Bd. 12.) Kartoniert. ISBN 3-528-06460-9

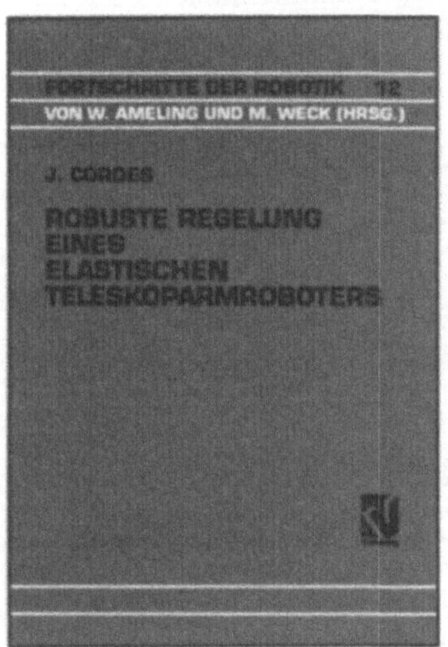

Kennzeichen der heutigen Industrieroboter ist das ungünstige Verhältnis von Eigengewicht zur Nutzlast. Für die Verbesserung dieses Verhältnisses bieten sich zwei Ansätze an: die Verringerung der Roboterarmmassen oder die Gewichtsverringerung der Antriebe.

In diesem Buch untersucht der Autor im Rahmen des BMFT-Forschungsprojektes TELMAN (Teleskoparmmanipulator in Leichtbauweise) die technischen, insbesondere die regelungstechnischen Probleme bei der Anwendung von teleskopartigen Gelenken in Roboterstrukturen, die u.a. in der Weltraumtechnik zum Einsatz kommen.

Verlag Vieweg · Postfach 58 29 · D-6200 Wiesbaden 1